KB037451

지구 소개서

Originally published in France as:
La Terre à l'œil nu
by Nicolas Coltice, Romain Jolivet, Jean-Arthur Olive, AlexandreSchubnel.
Illustrated by Donatien Mary
ⓒ CNRS Editions, Paris, 2019

Korean Translation copyright ⓒ 2023, PULBITPUBLISHING COMPANY.
This Korean edition is published by arrangement with CNRS Editions through Greenbook
Agency, South Korea. All rights reserved.

이 책의 한국어판 저작권과 판권은 그린북 에이전시를 통한 권리자와의 독점 계약으로 도서출판 풀빛에
있습니다. 저작권법에 의해 한국 내에서 보호를 받는 저작물이므로 무단 전재와 무단 복제, 전송, 배포 등
을 금합니다.

지구 소개서

초판 1쇄 발행 2023년 1월 10일
초판 2쇄 발행 2023년 12월 29일

지은이 니콜라 콜티스·로망 졸리벳·장 아르튀르 올리브·알렉산더 슈브넬
그린이 도나티엔 마리 | 옮긴이 신용림
펴낸이 홍석
이사 홍성우
인문편집부장 박월
책임편집 박주혜
편집 조준태
디자인 디자인잔
마케팅 이송희·김민경
관리 최우리·정원경·홍보람·조영행·김지혜

펴낸곳 도서출판 풀빛
등록 1979년 3월 6일 제2021-000055호
주소 07547 서울특별시 강서구 양천로 583 우림블루나인비즈니스센터 A동 21층 2110호
전화 02-363-5995(영업), 02-364-0844(편집)
팩스 070-4275-0445
홈페이지 www.pulbit.co.kr
전자우편 inmun@pulbit.co.kr

ISBN 979-11-6172-862-9 44450
        979-11-6172-845-2 44080(세트)

※ 책값은 뒤표지에 표시되어 있습니다.
※ 파본이나 잘못된 책은 구입하신 곳에서 바꿔드립니다.

45억 년을 살아온
행성의 뜨겁고 깊은
이야기

니콜라 콜티스 • 로망 졸리벳 • 장 아르튀르 올리브 • 알렉산더 슈브넬 글
도나티엔 마리 그림 | 신용림 옮김

풀빛

G

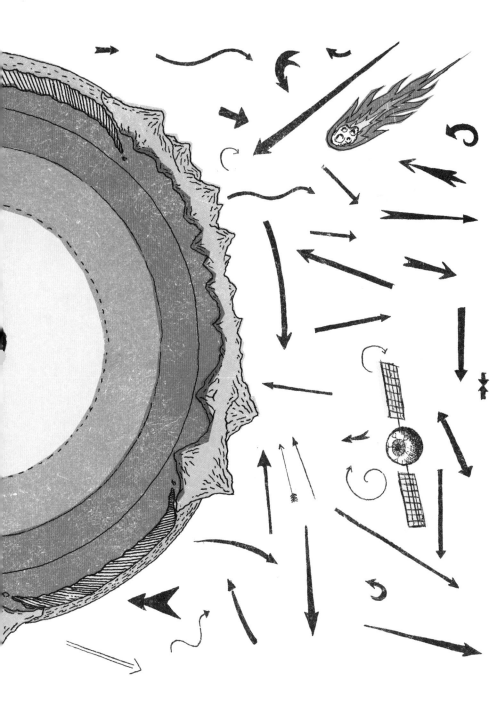

들어가며

과학자들이 지구의 중심으로 향하는 진정한 항해에 성공하면서, 지구 깊숙한 곳까지 관찰하고 다양한 가설을 세울 수 있게 되었다. 그 결과 지구의 보이는 면뿐만 아니라 보이지 않는 면까지 알게 되어, 우리의 행성을 말 그대로 재발견하게 되었다.

우선 지구물리학의 연구 범위가 폭발적으로 증가했는데, 2차 세계 대전 시기에 여러 탐지 방법이 개발되면서부터였다. 이에 따라 지구물리학자들이 지구 연구에 박차를 가하면서 소위 '지구의 분노'라 불리던 현상들을 설명할 수 있게 되었다. 지진 또는 예측 가능한 사소한 현상을 포함해 모든 유형의 화산 활동부터 판 구조론에 이르기까지, 이 모든 것을 알아가면서 우리는 차츰 "모든 것이 움직여야 아무것도 움직이지 않게 된다"는 말을 이해하게 되었다.

이후로 지구물리학에는 잠깐의 정체기가 있었다. 하늘에서 본 지구 사진을 찍게 된 건 50년도 채 되지 않은 일이다. 우리는 지구의 바닥으로 가능한 한 깊이 파고들어서 맨틀, 핵, 그리고 지구를 구성하는 광물과 지구 외부에서 온 광물의 성질을 이해하고자 한다. 지구는 무한을 넘어선 긴 서사를 가졌지만, 이 책에서는 지구를 하나의 시스템으로 보고 지구 안에서 사는 우리의 이야기를 집중적으로 다루고자 한다.

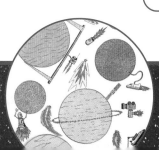

1

핵폭탄으로 시작된
지구 속 탐사

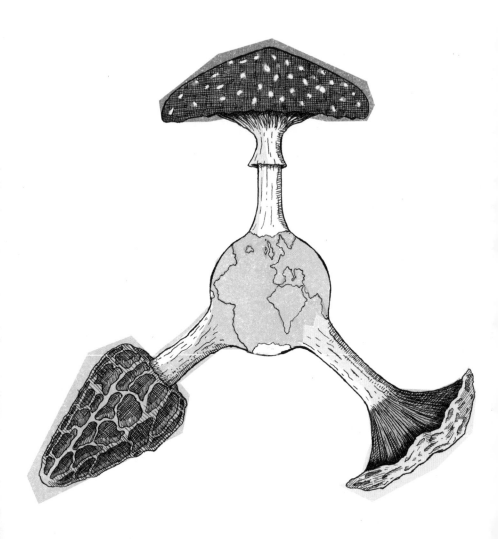

1945년 7월 16일 오전 5시 46분.

뉴멕시코주 사막 어딘가에서 땅이 흔들렸다.

미국이 최초의 원자폭탄인 '트리니티Trinity'를

실물 크기로 만들어 폭발시킨 것이다.

폭발로 방출된 에너지는 규모 5의 지진과 맞먹었다.

이 사건으로 인류는 새로운 시대를 맞이했다.

인간이 처음으로 지구를 진동시킨 것이다.

이날 폭발시킨 폭탄을 연구한 지구물리학자들은

지구의 내부와 내부를 이루는 원소,

그리고 원자의 특성을 연구하는 전문가들이었다.

이들은 지구에 작용하는 역학보다

원자 자체의 구조가 가진 힘에 환상을 품고 있었고,

이후 수십 년 동안 이 연구 분야에 더 깊이 파고들었다.

땅의 구조　　　　　　　1945년 7월 28일, 매사추세츠주

　　　　　　　　　　　하버드 대학교 지구물리학 부교

수인 앨버트 프랜시스 버치는 태평양 한가운데에 있는 마셜제도

의 작은 섬 티니안에 도착했다. 그가 타고 온 비행기에는 '리틀 보

이 Little Boy'(세계 최초로 실험용이 아닌 실전을 위해 제작된 핵무기이며 처음

으로 실전에 투입된, 그리고 사람들이 실제로 사는 도시에 행해진 핵 공격의 주

인공이다–옮긴이)의 우라늄 핵이 실려 있었다. 그는 폭탄을 설계했

는데, '에놀라 게이 Enola Gay'(태평양 전쟁 말기 히로시마에 세계 최초의 원

자폭탄을 투하한 미 육군 항공대의 B-29 폭격기의 애칭이다–옮긴이)의 화물

칸에서 진행한 폭탄의 조립 및 설치까지 감독했다. 미국이 인류 최

초의 핵무기를 개발하려 진행한 이 계획을 '맨해튼 프로젝트'라고

일컫는다.

　이 폭격기는 열흘 후, 히로시마에 핵폭탄을 떨어뜨렸고, 이는

인간이 지구에 일으킨 두 번째 지진이었다. 이 과정에서 핵무기 제

조를 감독했던 프랜시스 버치는 본래 암석에 가해지는 압력을 연

구하는 전문가였다. 노벨 물리학상을 받은 퍼시 윌리엄스 브리지

먼의 오랜 제자이기도 한 그는 수년간의 실험 끝에 '기가파스칼

GPa'의 경계에 최초로 도달한 인물이다. 기가파스칼이란 우리 발아

래에서 30km를 파고 들어갔을 때 작용하는 압력으로, 프랜시스

버치는 지구 중심부에 무엇이 있는지 알아내기 위해 우리가 알고

있는 범위 밖에서의 값을 추정하고자 했다. 극한 조건을 다루는 이

지식은 폭탄을 설계하는 데 분명히 유용했다.

그러나 그는 맨해튼 프로젝트에 참여했을 때가 아닌, 하버드로 돌아온 후인 1947년과 1952년에 연달아 논문을 발표한다. 지구의 지각과 맨틀의 두께인 2,900km 깊이까지 주로 가벼운 원소로 구성된 광물 군인 규산염으로 구성되어 있다는 내용이었다. 반면 천체 역학에 따르면 지구의 질량은 매우 거대하므로 핵을 구성하는 무거운 원소가 무엇인지 설명이 필요했다. 뒤에서 이야기하겠지만, 버치는 지구의 핵이 거의 전적으로 철 합금으로 구성되어 있다는 증거를 찾아낸다. 즉 지구는 광물 구조로 되어 있다는 것이다!

지구 연대 측정하기　　　　1945년, 클레어 패터슨은 당시 23세의 젊은 화학자이자 질량 분석법 전문가였다. 질량 분석법이란 원자를 그 양에 따라 측정하는 기술이다. 그는 전쟁 중 상당 기간을 테네시주 오크리지 실험실에서 보냈는데, 그곳에서 미군은 중수와 우라늄을 이용하여 폭탄용 플루토늄을 생산했다.

그런데 여기서 한 가지 문제가 생겼다. 자연적으로 방사성을 띠는 원소인 우라늄은 중성자가 없으면 플루토늄으로 변환되지 않고 매우 천천히 납으로 분해되었던 것이다. 그러던 중에 패터슨은 방사성 모원소인 우라늄과 방사성 자원소인 납 사이의 수량 비

맨해튼 프로젝트

맨해튼 프로젝트는 2차 세계 대전의 가장 중요한 과학 프로젝트이자 히로시마와 나가사키를 사실상 섬멸시킨 파괴적인 프로젝트 중 하나였다. 7년 동안 전 세계에서 뉴욕으로 온 군인과 학자들, 특히 나치의 박해를 피해 온 사람들이 이 프로젝트에 협력했다. 1930년대부터 프랑스, 영국, 독일 등 여러 국가가 무엇과도 비교할 수 없을 만큼 강력한 파괴력을 갖춘 무기를 개발하기 위해 노력했다. 나치 독일이 원자 경쟁에서 승리할 것이라는 두려움은 미국이 이 프로젝트에 자원을 쏟아붓게 만든 이유 중 하나다.

일본

히로시마

나가사키

율을 이용하여 모래시계처럼 그 소요 시간을 측정할 수 있다는 사실을 알아냈다. 이에 따라 암석에서 우라늄과 납의 비율을 정확하게 측정하여 암석의 나이를 추정할 수 있게 되었다. 이러한 학문을 지질학이라고 한다.

전쟁에서 돌아온 패터슨은 지구 연대 측정을 목표로 시카고 대학교에서 논문을 쓰기 시작했다. 주로 자동차 엔진 휘발유에 존재하는 납 첨가제로 인해 대기가 오염되어, 결과적으로 측정값에 자꾸 오류가 생기는 바람에 이 작업은 생각보다 복잡했다. 그래서 그는 실험실에 독립적인 환기 회로를 설치하고 지금은 전자나 나노기술의 표준이 된 '클린룸'의 개념을 만들었다. 트리니티 실험에서 11년이 지난 1956년, 패터슨은 지구가 형성된 시대에 떨어져 애리조나에 거대한 분화구를 만든 '캐년 디아블로Canyon Diablo' 운석의 연대를 측정하여 운석 및 태양계의 나이를 결정했다. 무려 45억 5천만 년이다!

대륙 이동설 영국 지질학자인 아서 홈스는 1913년에 저서《지구의 나이Age of the Earth》에서 이미 지질 연대기의 원리를 발표했다. 홈스는 패터슨보다 10년 앞선 1946년에 우라늄의 서로 다른 동위원소의 상대적 존재비를 비교함으로써 납을 측정하지 않고도 지구의 대략적인 나이를 45억 년으로 결론지었다.

또한 그는 학생들 사이에서 인기를 끌었던 저서《지질학의 원리 Principes de geologie》(1944)에서 혁명적인 한 걸음을 내디뎠다. 지구 내부에서 방사성 붕괴로 열이 발산되면서 대류 운동이 일어나고 있다고 주장한 것이다. 냄비를 가열하면 그 안의 뜨거운 물이 위로 끓어오르는 것처럼, 깊은 곳에 있는 뜨거운 암석은 표면으로 상승한다. 반면 차가운 암석은 자체 무게로 가라앉으며, 이렇듯 고체 상태로 이뤄지는 암석의 이동은 알아차릴 수 없을 정도로 천천히 일어나 대륙 이동을 일으킨다. 이를 '판 구조론'이라 한다.

아서 홈스는 당시 이 대륙 이동설을 옹호하는 몇 안 되는 사람 중 한 명이었다. 그는 이미 지구 역학의 원동력이 방사성이라는 것

동위원소

동위원소는 원자의 전자와 양성자 수는 같지만, 중성자 수가 다른 원소들을 말한다. 우라늄은 26개의 동위원소를 가지고 있는데 모두 방사성이다. 125~150개의 중성자와 217~242개의 핵자(양성자 및 중성자)로 이루어진다. 방사성 동위원소는 시간이 지남에 따라 자연적으로 다른 동위원소로 변형되어 사라지기 때문에 이것으로 시간을 측정할 수 있다. 그리고 이러한 분해 분석을 기반으로 한 장치를 사용하여 암석의 나이를 계산할 수 있다. 이렇게 계산해 보면, (14개의 핵자를 가진) 탄소 14는 약 5,700년 안에 질소 14로 변환된다. 우라늄 238은 45억 년 후, 다시 말해 지구의 나이와 같은 기간을 거쳐 납 208으로 변한다.

을 이해했다. 그러나 전쟁이 끝날 무렵에도 이 이론은 여전히 논란의 여지가 있었고, 메커니즘이 제대로 이해되지 않는 억지 아이디어에 불과했다. 그 결과, 판 구조론은 두 단계를 거쳐 탄생하게 된다.

전쟁 기간 동안 연합군은 상선이 바다를 횡단할 때 의무적으로 수심 측량을 하도록 했다. 이 데이터들은 뉴욕의 컬럼비아 대학교에 수집되었고, 젊은 지질학자 메리 샤프와 박사 과정 학생인 브루스 히진이 지도에 기록해 두었

수심측량술 bathymetry

'깊이'를 뜻하는 고대 그리스어 bathys 에서 유래했으며 바다 지형과 깊이를 연구하는 학문이다. 목표는 해저 지도를 작성하는 것이다.

다. 그로부터 몇 년 후, 북대서양 중심부에 지금까지 밝혀진 화산 중 가장 강력한 화산대가 펼쳐져 있음을 발견한다. 우리는 2장에서 그 지역을 살펴볼 예정이다. 깊이가 5,000~6,000m에 이르는 심해 평원이 3,000m 정도로 이어져 있고, 이 화산 산맥은 아이슬란드 남부에서 포르투갈 연안의 아조레스제도까지 이어진다. 어쩌면 그 이상일 수도 있다. 이어서 중앙 대서양, 남대서양, 태평양과 인도양의 지도가 제작되었다.

이를 통해 10년 전만 해도 알려지지 않았던 이 화산대가 전 세계에 작용하는 연속적인 벨트임이 밝혀졌다. 1948년, 해양학자이자 지구물리학자, 지진학자인 윌리엄 유잉은 바로 이 화산 활동이 바다의 시작이라고 생각했다. 끊임없는 화산 활동을 통해 해저 지

규모

9.5

1960년 5월 22일
칠레 발디비아
인류 역사상 가장 큰 지진으로 기록

9.2

1964년 3월 27일
알래스카
지진계에 측정된 두 번째로 강력한 지진,
태평양 전역에 걸쳐 파괴적인 쓰나미 발생

8.7

1965년 2월 3일
알래스카 쥐섬
쓰나미 발생

9

2011년 3월 11일
일본 도호쿠
37m의 파도를 동반한 파괴적인 쓰나미 발생,
후쿠시마 원전 주변에서 1만 8,000명이
사망하고 16만 명 대피

형이 새로 생겨나면서 대륙이 이동하고 확장된다는 것이다. 해저 확장설은 이렇게 탄생했다.

어디로 움직이는가?　　　　　　　　더 예기치 못한 일은 1941년, 캘리포니아 공과대학 지진연구소 소장이자 지구의 핵을 발견한 지진학자 베노 구텐베르크와 지진의 규모를 연구한 찰스 리히터가 지구 지진 강도에 관한 연구를 발표하면서 일어났다. 그들은 자신들의 장비를 통해 감지되는 지진 활동의 대부분이 지구의 몇몇 지역에만 집중되어 있음을 보여주었다. 하지만 전쟁이 끝날 무렵에도 지진계는 여전히 많지 않았고, 일정한 간격을 두고 작동하도록 지진계와 시계를 동기화하는 것도 실패했다. 어떻게 지진파의 도달 시간을 정확하게 측정할 수 있을까? 그리고 이 경우 지진의 위치를 어떻게 정확하게 측정할 수 있을까?

미국 지진학 커뮤니티는 지구 전체를 포괄하는 표준화된 관측소 네트워크가 필요하다고 주장했다. 그들에게 기회를 제공한 것은 뜻밖에도 최초의 핵 확산 금지 조약이었다. 핵폭발은 자연 지진과 그다지 다르지 않기 때문에, 각국의 핵실험을 감시하기 위한 관측소에서 지진파 측정을 위한 데이터를 확보할 수 있게 된 것이다.

그 후 미국은 1960년대 초, 세계에 'WWSSN 네트워크 World

wide Seismic Station Network', 즉 세계 표준 지진 관측망(1960년대에 지어진 약 120개의 지진 관측소로 구성된 글로벌 네트워크로, 전례 없는 고품질 지진 데이터 수집을 가능하게 했다-옮긴이)을 구축하기 시작했다. 소련, 중국, 프랑스와 같은 핵보유국 외에도 얼마 지나지 않아 50개 이상의 국가에 관측소를 설치하면서 이들의 영향력은 전 세계적으로 확대되었다. 전 세계 대학에 설치된 이 관측소의 데이터는 뉴멕시코의 앨버커키 지진연구소로 전송되었으며, 누구나 자유롭게 지진 정보에 접근할 수 있었다.

지구의 지진 활동은 지구를 가로지르는 단층선을 따라 집중되어 있는데, 이 단층선을 이으면 상대적으로 조용하고 광대한 지역인 지각판이 나타난다는 것이 밝혀졌다. 그 결과 지도에 지각판 표시가 추가되었다. 댄 맥켄지와 제이슨 모간이 1967년에 이미 판구조론의 개념을 설명했지만, 연간 수 cm의 속도로 움직이는 지구 전체의 판을 분류한 최초의 모델은 1968년에 프랑스 지구물리학자인 그자비에 르 피숑이 발표했다.

1960년대는 또한 지구와 지구물리학계에 있어 다사다난한 10년이었다. 1960년 5월 22일, 칠레 발디비아 인근 진앙에서 발생한 규모 9.5의 지진이 칠레 태평양 연안 전체에 접한 단층을

칠레에서 발생한 규모 9.5의 지진은 인간이 기록한 가장 큰 지진 중 하나로 강력한 위력을 보여 주었다. 이 한 번의 지진이 1906년 이후 지구상의 모든 지진에서 방출된 총 에너지의 거의 20%를 차지할 정도였다.

따라 거의 1,000km에 걸쳐, 초당 약 3km에서 시속 1만 km로 퍼져나갔다. 이는 오늘날까지 인간이 기록한 가장 큰 지진이다. 이 한 번의 지진이 1906년(현대 최초의 지진인 샌프란시스코 지진이 발생한 날짜) 이후에 기록된 지구상의 모든 지진에서 방출된 총 에너지의 약 20%를 차지할 정도였다. 파괴적인 쓰나미가 태평양을 휩쓸었다. 사망자는 수천 명에 이르고 피해는 어마어마했다.

1964년 3월 27일에는 태평양에서 또 다른 폭발이 발생했다. 규모 9.2의 지진이 알래스카에서 발생한 데 이어, 1965년 2월 3일에 쥐섬에서 규모 8.7의 지진이 일어났다. 두 지진 모두 태평양 전역에 파괴적인 쓰나미를 일으켰다.

그린피스의 탄생   그 이후 미 국방성은 자연 지진 신호와 구별하기 위해 사람이 발생시킨 폭발의 지진 신호를 정확히 식별하고 특성화하는 일련의 실험을 시작했다. 미군은 실험 장소로 알래스카 쥐섬 군도에 있는 암치카섬을 선택했다. 첫 번째 실험은 지진 발생 8개월 후인 1965년 10월 29일에 이루어졌다. 뒤이어 실험한 두 번째 폭탄 '밀로 Milrow'는 트리니티보다 50배나 강력했기에 알래스카 접경 지역인 캐나다 브리티시컬럼비아 시민들의 거센 항의를 받았다. 지진과 쓰나미를 유발하는 미국의 핵폭발 실험은 공포를 불러일으켰다.

미국과 브리티시컬럼비아주 국경으로 약 7,000명의 사람이 몰려들어 외쳤다.

"Don't Make a Wave. It's your Fault if our Fault Goes(해일을 일으키지 마십시오. 우리 지역의 단층이 움직인다면 그것은 미국의 잘못입니다)."

결국, 캐나다 밴쿠버에 Don't Make a Wave 위원회가 조직되었다. 하지만 미군은 전혀 귀 기울이지 않고 '캐니킨Cannikin'이라는 암호명의 다음 핵 실험을 준비했다. 1971년 가을, Don't Make a Wave는 미군을 단념시키러 섬으로 가기 위해 배를 빌렸다. 하지만 미 해군 함정의 제지와 기상 조건 탓에 가던 길을 되돌아와야 했다. 이들이 새로운 배로 암치카섬으로 향하는 동안, 미군은 원래 계획보다 하루 일찍 캐니킨을 폭발시켰다. 캐니킨은 그 위력이 리틀 보이의 400배인 5메가톤으로, 미군이 수행한 지하 테스트 중 가장 강력했다. 이 실험은 규모 7에 해당하는 지진을 일으켰다. 전 세계적으로 비난이 거세지자 미군은 알래스카에서 예정된 실험을 포기했다. 이렇게 절반의 성공을 거둔 Don't Make a Wave는 1972년에 이름을 '그린피스'로 변경하였다.

40년 후인 2011년 3월 11일, 도쿄 시각으로 오후 2시 46분, 일본 연안에서 발생한 지진이 약 200km 범위까지 강타했다. 지구 맨틀의 방사능에 의해 생성

지진과 쓰나미를 유발하는 미국의 핵 실험은 공포를 불러일으켰다. 약 7,000명이 모인 시위에서 Don't Make a Wave 위원회가 출범하였으며, 이는 훗날 그린피스로 탄생한다.

된 내부 열은 극소량만 방출되었지만, 규모 9에 달하는 거대한 지진을 일으켰다. 이 지진은 수천 개의 전화, 카메라, 지진 관측소, GPS, 레이더와 위성에 의해 기록되었다.

지진이 일어나고 1시간 후, 전 세계는 37m 높이의 파도가 후쿠시마 원자력발전소, 그리고 1만 8,000여 명의 사람들을 집어삼키는 모습을 생중계로 지켜보게 되었다. 21세기 최초의 이 원전 사고로 16만 명이 후쿠시마 지역을 영구적으로 떠나야 했다. 이 지진은 후쿠시마 지진이라는 이름으로 역사에 기록되었다.

4.57

45억 7,000만 년 전: 태양계가 형성되고 지구가 태어난 시기

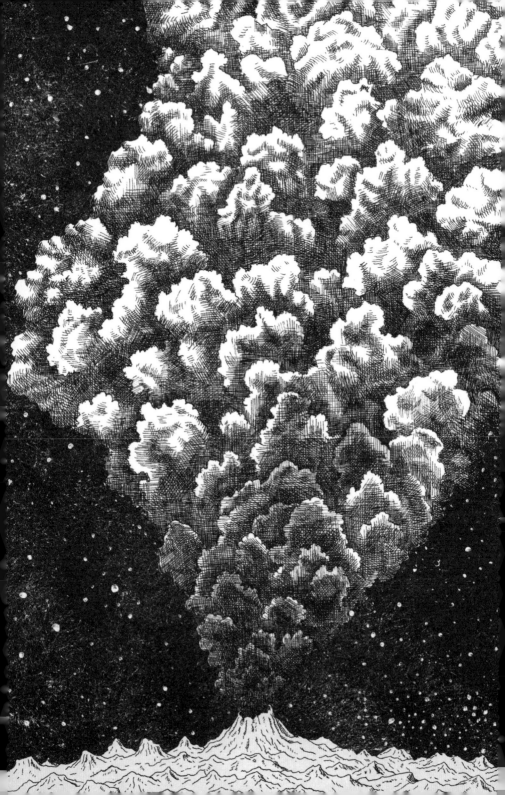

2

화산은
재앙일까, 축복일까?

'화산'이라는 단어의 어원은 시칠리아에 살았던 로마의 신 '불칸 Vulcan'에서 유래되었다. 시칠리아에는 유럽에서 가장 큰 화산인 에트나가 있다. 불의 신인 불칸은 여신 주노의 허벅지에서 태어났으며, 아버지는 주피터다.

불칸은 종종 다산의 여신 마이아와 성스러운 불로 상징되는 화로의 여신 베스타와 관련되어 있다. 로마에서는 8월 23일부터 8일 동안 불카니아 축제를 열어 여름의 끝을 축하했다.

서기 1세기, 이 축제가 열렸을 때 베수비오 화산이 폭발하면서 묻혀 버린 도시 폼페이에 관한 이야기는 아주 유명하다. 그러나 화산은 종말론적 현상일 뿐만 아니라 지구의 대기와 바다, 즉 생명의 근원이기도 하다.

**폼페이, 불,
그리고 낮과 밤**

지금으로부터 거의 2,000년 전인 62년 2월 5일, 베수비오 화산이 맞은편에 보이는 폼페이 근처 나폴리만에서 지진이 감지되었다. 하지만 아무도 걱정하지 않았다. 로마 작가인 대 플리니우스는 그 지역에서 발생하는 지진이 "진도 면에서 특별히 우려할 만한 정도는 아니었다."고 기록했다. 그러나 실제로 그 지역은 40만 년 넘게 유럽에서 지각 변동이 가장 활발한 곳 중 하나였다. 그는 이 흔들림이 로마 제국이 겪을 가장 격렬한 화산 폭발의 전조라는 걸 상상하기나 했을까?

79년 8월 20일, 이 지역에서 지진 활동이 활발해졌을 때 폼페이인들은 불카니아 축제를 준비하고 있었다. 그런데 그때까지 평화로웠던 베수비오 화산이 갑자기 끓어오르고, 인근 도시와 시골에서는 샘과 우물이 마르기 시작했다.

8월 24일 오후, 로마에서 불카니아를 기념하고 있는데, 베수비오 화산의 남쪽 측면이 무너져 내렸다. 1,000도 이상으로 가열된 돌과 가스의 혼합물인 화산쇄설류(화산이 폭발할 때 분화구에서 분출되는 화산쇄설물의 흐름-옮긴이)가 100km/h 이상의 속도로 흘러내려와 폼페이와 헤르쿨라네움을 순식간에 덮쳤다. 뜨거운 화산재 기둥이 해발 12km 이상인 성층권까지 올라가 대기 중으로 퍼지면서 지역 전체가 암흑에 빠진다. 또 다른 로마의 작가인 소 플리니우스는 나폴리만 주민들을 돕기 위해 배에 있다가 화산의 분화를 목격

하고는 다음과 같이 썼다.

"낮이었지만 주위 모든 것이 밤이었다. 다른 어느 때보다 칠흑같은 밤이 지배했으며 단지 수많은 불과 여기저기에서 보이는 번쩍임만이 그 어둠을 줄어들게 했다."

몇 달 후, 이곳을 찾은 여행객들은 도시가 거의 6m에 달하는 바위 아래에 묻혀 있는 것을 발견한다. 17세기가 되어서야 비로소 폼페이와 그곳에 꼼짝없이 묻혀 있는 사람들이 발견되었는데, 마치 로마 지방의 작은 마을을 실물 크기 사진으로 보여 주는 것 같은 모습이었다. 79년 8월(오늘날 일부 고고학자들은 이 날짜에 의구심을 품고 있기는 하다), 이 지역을 황폐하게 만들어 버린 용광로 같은 화산 폭발의 순간을 목격한 사람들은 단 이틀간의 종말적 순간에 그대로 머물러 있었다.

화산 기둥과 파괴 지중해 역사에는 이렇듯 '플리니형 분화'라고 불리는 분출형식 화산 폭발이 많다. 약 3,600년 전 청동기 시대에 또 다른 화산이 폭발하여 키클라데스제도의 테라섬(이후 산토리니라 불림)이 황폐해졌다. 오랫동안 인류 역사상 가장 큰 재앙으로 여겨졌던 이 폭발은 40~60km³의 암석을 대기 중으로 분출했다. 이 부피는 순식간에 몽블랑산맥의 3분의 2가 증발한 것과 같다. 이 폭발은 30km가 넘는 화산재 기둥을 일으켰으며, 그 흔적은 지중해 전역과 그린란드의 얼음에서도 발견되었다. 분출된 암석의 양은 분화구 자체를 붕괴할 정도였기 때문에, 화산에는 지름이 수 km에 달하는 칼데라가 생겼다. 이 붕괴로 인해 인근 국가인 튀르키예까지 쓰나미가 발생하여 크레타섬을 황폐화시켰다.

때때로 이 재앙은 미노아 문명을 파괴한 원인으로 여겨졌고, 어떤 고고학자들은 이것이 아틀란티스 신화의 기원일 수 있다고 말한다. 또 다른 사람들은 이집트의 10대 재앙 신화의 기원일 수 있다고도 이야기한다. 이렇게 고대부터 화산이 과학자들을 매료시켜 왔다는 사실은 분명하다. 기원전 5세기에 그리스 철학자인 엠페도클레스는 화산을 불과 연관시켰다. 그 뒤를 이어, 플라톤은 그리스 신화에 등장하는 화염에 휩싸인 거대한 강인 피리플레게톤이 지구의 모든 화산을 만든다고 생각했다. 아리스토텔레스는 《기상학Meteorologiques》에서 이 불이 "바람이 좁은 통로로 불어 닥칠

플리니형 분화

가이우스 플리니우스 카이킬리우스 세쿤두스(흔히 소 플리니우스라고 부른다-옮긴이)의 이름을 따서 명명된 플리니형 분화는 화산 분출의 한 유형이다. 용암 흐름을 형성하는 높은 점도의 용암을 매우 드물게 분출한다는 점이 특징이다.

칼데라

화산 폭발로 인해 거대하게 원형으로 움푹 들어간 곳.

엠페도클레스

기원전 5세기의 시칠리아 출신으로 그리스 철학자, 엔지니어, 의사였다. 그는
우주의 원리를 발견하려 했던 소크라테스 이전 시대의 초기 철학자이다. 엠페도
클레스의 독창성은 우주를 주기적으로 지배하는 사랑과 증오라는 두 가지 원칙
을 제시했다는 것이다. 이 원칙이 모든 물질을 구성하는 네 가지 요소인 물, 땅,
불, 공기를 생성한다.

때의 마찰"에 의해 변형되는 물질에서 발생한다고 말했다. 화산, 지진, 바람을 연결하는 '기체학pneumatique' 이론은 서양에서 르네상스 이후까지 지속되었다.

종말론적 분출　　　1798년 4월, 독일의 박물학자이자 탐험가인 알렉산더 폰 훔볼트는 파리에서 식물학자인 에메 봉플랑을 만난다. 그리고 둘은 1799년 6월에 남아메리카로 여행을 떠났다. 이 여행에서 훔볼트는 대서양에서 가장 높은 봉우리인 카나리아제도의 활화산인 피코 데 테이데(3,718m)를 등정했다. 안데스산맥에서는 현재 콜롬비아에서 가장 활동적인 화산 중 하나인 푸라세(4,646m)를 오르고 이어서 에콰도르 피친차(4,784m)를 차례로 등반하지만, 코토팍시(5,897m)와 침보라소(6,263m) 등반은 실패했다. 1804년 8월에 훔볼트는 유럽으로 돌아와 이듬해에 나폴리로 갔다. 그곳에서 1805년 당시 분화 중이던 베수비오를 여러 번 등정했다. 1822년에 훔볼트는 석회암 산맥인 돌로미테를 방문했는데, 그곳에서 화강암을 보고 1788년에 제임스 호튼이 《지구의 이론Theory of the Earth》에서 제시한 지각화성론을 확신하게 된다.

　지각화성론은 크게 화산 활동과 심성 활동으로 나뉘는데, 제임스 호튼이 지지한 심성 활동은 다음과 같다. 지표면 아래에는 커

심성 활동

마그마에 의하여 일어나는 작용은 화산 활동과 심성 활동으로 나뉜다. 그중 심성 활동은 지하의 마그마가 분출되지 않고 땅속 깊은 곳에서 다른 암석에 관입하는 활동을 말한다.

다란 마그마 주머니가 존재한다. 화산은 그 주머니와 화산 파이프로 연결되어 있다. 마그마가 표면에서 냉각되면 현무암과 같은 미세한 알갱이의 화산암으로 응고된다. 이것이 깊은 곳에서 냉각되면, 침식을 통해 표면으로 드러나는 화강암과 같은 큰 결정으로 이루어진 입상암(粒狀巖, 입자가 많은 암석-옮긴이)이 된다. 광물은 가해지는 열이나 압력에 따라 조성이 변할 수 있다는 것이다.

다윈이 "역사상 가장 위대한 과학 탐험가"라 칭한 훔볼트는 1845년에 기념비적 작품인 저서《코스모스 Kosmos》를 발표했다. 그는 400개가 넘는 화산이 있으며, 이들의 지리적 분포가 무작위적이지 않다는 것을 발견했다. 안데스산맥에서처럼 화산들이 화산대를 따라 일렬로 늘어서 있었다.

1841년, 베수비오 화산 옆에 화산 관측소가 세워졌다. 베수비오 화산은 1883년까지 화산학자들이 가장 많이 연구한 화산으로 남을 것이다. 그해 5월, 오늘날 인도네시아의 자바섬과 수마트라섬을 가르는 순다해협에서 또 다른 화산 활동이 시작되었다. 길이 9km, 폭 5km의 작은 섬인 크라카타우에서 화산의 한 봉우리인 페르보에와탄이 증기와 화산재 기둥을 내뿜기 시작한 것이다. 여름

동안 이곳의 지진 활동과 화산 폭발의 빈도가 증가하면서, 8월 14일에 선박들은 플리니우스가 묘사했던 화산의 어둠 속을 통과하게 되었다.

진정한 종말론적 분출은 현지 시각으로 8월 26일 오후 1시에 시작되었다. 화산에서 50km 이상 떨어진 곳에서 격렬한 폭발 소리가 들리더니 오후 5시경까지 폭발은 끊임없이 이어졌다. 점점 더 격렬해진 폭발로 인해 크라카타우 주변 반경 160km 내의 모든 것이 엄청난 양의 화산재로 덮였고, 이내 이 지역은 완전히 암흑에 휩싸였다. 8월 27일 오전 10시, 플리니형 분화로 인해 $10 \sim 20km^3$의 암석이 성층권으로 분출되었다. 이는 히로시마에 떨어진 원자 폭탄의 1만 3,000배 이상에 해당하는 에너지이며, 인류가 시행한 최대 핵융합 반응이었던 소련의 차르 봄바 폭탄의 네 배였다.

폭발로 발생한 소리는 네덜란드령 동인도제도뿐만 아니라 호주와 4,000km 이상 떨어진 로드리게스섬에서도 들렸다. 충격파가 여러 차례 전 세계에 전해지면서 프랑스 기압계와 기상 관측소에서도 5일간 감지되었다. 또한 해발 40m에 이르는 연속적인 해일이 여러 차례 이 지역 섬들을 휩쓸었다. 해발 80km 이상으로 분출된 화산재 기둥은 햇빛을 차단해 어둡게 하고 지구 평균 기온을 0.25도 정도 떨어뜨렸다. 지구 기후가 정상화되기까지 거의 5년이 소요된 것으로 추정된다.

화산학자들은 대기로 분출되는 물질의 양을 정량화하는 화산 폭발 지수로 화산 폭발을 분류한다. 예를 들어 베수비오, 크라카타우 또는 산토리니에서 있었던 폭발은 각각 아플리니형 분화(지수 5), 플리니형 분화(지수 6) 및 초플리니형 분화(지수 7)로 규정되었다. 지구에서는 대략 50년에 한 번씩 지수 5의 분출이 있었고, 그 주기가 지수 6은 100년을 조금 넘으며, 지수 7은 1,000년이 조금 넘는다.

오늘날 지구 표면에는 섬과 대륙에 약 1,500개의 활화산이 있으며 대부분이 태평양의 유명한 불의 고리를 따라 분포되어 있다. 조사가 끝나지 않은 해저 화산은 훨씬 더 많다. 이러한 지표면 화산 구조물 중 500개는 지난 2,000년 사이에 분출했으며, 평균적으로 매주 한 번의 화산 분출이 지구 어딘가에서 발생한다. 다행히 모든 화산 폭발이 종말론적인 것은 아니다.

**고립형 화산 또는
선상**線狀 **화산(화산대)**

지구상에 있는 대부분의 마그마는 똑같은 하나의 근원을 가지는데, 바로 지구 맨틀의 주요 구성 요소이자 모암母岩인 감람암이 부분 용융한 것이다. 판 구조론과 맨틀 대류설에 따르면 맨틀에서는 열과 암석이 모두 움직이는데, 이로 인해 때로는 암석의 부분적 용융이 일어나기도 한다. 지구 맨틀 깊숙한 곳에서 열기구처럼 천천히 솟아오르는 이 암석들은 핫스폿(맨틀 깊은 곳에서 기둥 모양으로 올라오는 물질의 흐름이 지표에서 화산이나 융기로서 나타난 지점이다-옮긴이)이라 불리는 화산 활동의 시작점에 있다. 이 핫스폿에서 옐로스톤, 킬리만자로, 레위니옹 또는 하와이와 같이 지각을 관통하는 고립형 화산이 생겼다.

반면 각 대양의 중심에서는 거의 연속적인 화산 활동이 일어나는데, 이 화산들은 중앙해령인 거대한 해저 단층을 따라 정렬된다. 그곳에서 해양 지각은 매년 몇 cm의 간격으로 늘어나거나 양쪽으로 갈라진다. 자연은 비어 있는 것을 좋아하지 않기 때문에 이 빈 공간은 용융 상태의 뜨거워진 맨틀 암석으로 즉시 채워진다. 이런 화산 지형의 특징이 지구 표면의 70%를 차지하는 전체 해저 지형의 근원이 되었다.

마지막으로, 이러한 지형을 따라가다 보면 대서양의 아이슬란드나 동아프리카 열곡대, 인도양과 홍해 사이의 삼중 교차점인 아파르 삼각지 같은 곳에서 핫스폿을 발견하기도 한다. 이 핫스폿은 종종 화산 활동과 함께 훌륭한 광경을 연출하는데, 가히 지구가 아니라고 여겨질 정도로 기묘한 풍경을 만들어낸다.

암석이 녹는 또 다른 메커니즘은 물과 관련이 있다. 이는 지중해, 카리브해, 인도네시아 및 태평양 불의 고리에서와 같이 섭입 화산의 경우이다. 해양판이 다른 판 밑으로 내려가는 섭입 과정이 일어나면, 판은 자체 무게로 인해 지구 맨틀 아래로 가라앉는다.

감람암

감람암은 상부 맨틀의 중요한 암석이다. 대륙과 해양에 존재하는 대부분의 암석과 마찬가지로 화산이 폭발하거나 분출되는 동안 만들어진, 즉 불과 함께 만들어지거나 불에 의해 만들어진 마그마 활동으로 생성된 암석이다.

주로 감람석과 휘석—화성암과 변성암의 공통 성분—그리고 다른 광물로 이루어지며, 주어진 지점에서의 맨틀의 압력, 온도 및 수화 조건에 따라 다른 광물로 구성된다.

그 과정에서 수화 광물(물이 존재하는 환경에서 광물이 굳어질 때 주로 형성된다-옮긴이) 구조 안에 고체 상태로 저장된 많은 양의 물을 운반한다. 이 결정수(물질의 결정 속에 일정한 화합비로 들어 있는 물)는 판이 맨틀 깊숙이 침투하면서 가열될 때 흘러나온다. 물은 상부 맨틀로 다시 올라와 설탕에 뜨거운 물을 부은 것처럼 감람암을 용융 상태로 만든다. 따라서 가라앉는 판에서 더 많은 물이 빠져나올수록 부분 용융이 더 활발해진다.

용암 또는 마그마?   마그마는 단순히 녹아 있는 상태의 암석으로 이루어진 것이 아니다. 거기에는 용암, 용융 상태의 감람암, 용해된 가스, 생성 과정

섭입

섭입은 해양판이 다른 판 아래로 곡선을 그리며 내려가서 지구 중심부로 가라앉는 과정이다. 예를 들어 남아메리카 아래로 섭입하는 태평양판의 경우가 그렇다. 판이 섭입되면 폭발적인 화산 활동과 수많은 지진, 그리고 산맥 형성까지 다양한 활동이 일어난다. 해양판이 대륙판을 만날 때면, 밀도가 더 높은 해양판은 대륙판 아래를 통과하여 일본, 칠레, 인도네시아, 카리브해 또는 유럽에서 훨씬 더 가까운 크레타섬에서처럼 지구의 맨틀 속으로 가라앉는다. 마리아나처럼 깊이가 10km 이상에 이르는 해구는 이러한 섭입대 지형의 지표이다.

해양판이 섭입하면서 대륙판을 끌고 가기 때문에, 일단 바다가 사라지면 바다 반대편 해안이 그 아래로 들어간다. 이때 가라앉지 않고 떠다니는 두 대륙 사이에 거대한 충돌이 발생한다. 따라서 곧 알프스나 히말라야와 같은 큰 산맥은 지구의 바다가 닫히면서 남긴 흔적이다.

분출성 폭발

분출성 폭발은 주로 파편화된 용암을 대기 중으로 뿜어내는 폭발성 분출과 달리, 액체 용암의 분출을 특징으로 하는 화산 폭발이다. 분출성 폭발은 일반적으로 핫스폿의 화산에서 발생한다.

마그마

마그마는 지구 내부에 있는 암석이 높은 온도와 압력을 받아 녹은 것을 말한다. 용해된 기체, 액체, 휘발성 입자 및 고체 원소로 구성된다. 마그마가 식는 위치에 따라 두 종류의 암석으로 나뉘는데, 지하에서 식으면 심성암이 되고 표면으로 나와서 식으면 용암이 된다.

의 결정체 그리고 마그마가 지나간 암석에서 떨어져 나온 포획암
이 복잡하게 섞여 있다. 감람암보다 밀도가 낮은 마그마는 중력
의 영향으로 상승하여 축적되면 이내 차갑게 식기 시작한다. 그 결
과, 마그마를 저장하는 일종의 암석 스펀지인 마그마 저장소magma
chamber 내에서 머무르게 되는데, 지구의 지각에 존재하는 마그마의
흘수선(선박이 수면 위로 드러나는 선, 혹은 선체가 잠기는 한계선을 말한다.
배가 싣고 있는 짐의 양에 따라 흘수선의 위치가 바뀌는데, 보통은 짐을 최대로
실었을 때의 흘수선인 만재 흘수선을 말한다-옮긴이)을 찾을 수 있다.

마그마 저장소에 짧은 시간 동안 머물렀던 마그마는 철, 마그

네슘 및 용해된 가스가 풍부하며 무척 뜨겁고(1,200도), 매우 유동적이다. 이것이 화산의 경사면에서 타오르는 불처럼 흐르는 현무암 용암의 기원이다. 그 예로 2018년에 하와이 빅아일랜드에서 있었던 용암 분수와 같은 장엄한 분출성 폭발을 들 수 있다. 에티오피아의 에르타 알레, 콩고의 니라공고 또는 남극의 에레버스산과 같은 일부 화산에는 탁 트인 곳에서 끓어오르는 액체 상태의 용암 호수가 생겨났다.

그러나 사실 분출성 폭발이 일어나는 동안, 화산은 현무암보다는 수증기와 이산화탄소를 더 많이 내뿜는다. 기포가 샴페인의 코르크 마개를 병 밖으로 밀어내는 것처럼 가스가 지표면으로 마그마 일부를 운반하기 때문이다.

화산 아래, 마그마 저장소의 깊숙한 곳에서는 화산 외부로 흘러나온 것보다 적어도 열 배 이상의 현무암 용암이 천천히 결정화

현무암

현무암이라는 단어는 라틴어 basaltes에서 온 것으로, 그 자체는 '검은 암석'을 의미하는 에티오피아 용어에서 파생되었다. 현무암은 급속하게 냉각된 마그마로 생성된 화산암이며 무엇보다도 휘석, 감람석 및 자철광으로 구성된 것이 특징이다. 지구에서는 화산 폭발로 생겨나며, 해양 지각의 주요 구성 요소 중 하나이다. 달에서는 달의 바다 표면을 구성한다. 화성, 금성 및 수성 지각의 중요한 구성 요소이기도 하다.

되어 거친 암석인 화강암을 생성한다. 화강암은 대륙 지각과 해양 지각의 중요한 구성 요소이다. 마그마 저장소에 오랫동안 머무른 마그마는 차가워지고 규소와 증기 가스가 풍부한 상태여서, 처음에 형성된 높은 점성의 유체보다 밀도가 낮다. 용암이 지표면으로 상승하면서 가스와 분리되면 일반적으로 반상 조직(마그마가 냉각되는 속도 차이로 인해 유리질로 된 화성암 속에 뚜렷한 크기 차이가 있는 결정이 함유된 조직-옮긴이)을 가진 유문암을 생성한다. 유문암은 지하 깊은 곳에서는 화강암으로 결정화되는데, 종종 분홍색을 띤다.

땅 위로 올라가는 화산 분출물의 통로가 막히면 마그마는 암석을 녹여 길을 만들어야 한다. 그렇게 마그마가 위로 올라가면서 마그마의 점도가 높아지면, 그와 동시에 가스도 점점 더 천천히 상승하게 된다. 그 결과, 지진이 더 오랫동안 일어난다. 이 과정에서 점차 냉각되면서 화산 구조물은 시한폭탄으로 변하게 되어 압력이 높아진다.

마그마가 분출할 때 뿜어져 나오는 화쇄류는 가스, 화산재 및 화산 용암의 혼합물로, 화산 측면 중 한 부분이 압력을 받으면 폼페이, 더 최근에는 마르티니크의 펠레산(1902년)과 미국의 세인트헬레나섬(1980년)에서처럼 시속 700km에 달하는 속도로 화산의 경사면을 흘러내려 간다. 그러나 화산 분출물의 통로가 깊숙한 곳부터 막혀 있다면 마그마에 작용하는 압력이 빠르게 감소하면서 화산은 폭발하지 않는다.

		액체
감람암		1200도
반려암	현무암	
섬록암	안산암	900도
화강암 관입암 또는 심성암	**유문암** 분출암 또는 화산암	600도
		고체

유문암

유문암이라는 용어는 '흐르다'를 뜻하는 그리스어 rheîn과 돌을 뜻하는 lithos에서 유래했다. 화산암이 아니었다면 화강암과 비슷하다고 생각했을 수도 있다. 유문암은 이산화규소가 풍부한 유문암질 마그마가 냉각되어 생성된 암석으로, 유체 구조로 되어 있다. 유리질 유문암의 종류로는 흑요석이 있다.

화강암

화강암은 화성암 중에서도 지하 깊은 곳에서 생성되는 주요 암석이다. 암석을 덮고 있던 모든 것들이 침식된 후에만 지표면에 드러난다. 화강암에는 석영, 층상 구조와 유리질 광택을 지닌 광물인 장석, 그리고 운모 및 기타 많은 광물이 있다. 풍화 작용이 일어나지만 않으면 화강암은 좋은 건축 자재가 될 수 있다. 그래서 자연적으로 화강암이 풍부한 브르타뉴 지역에서는 화강암으로 종교 기념물, 등대, 고인돌 등을 만들었다.

화산학자들은 조사 끝에, 지난 100만 년 동안 규모 8의 화산 분출이 적어도 다섯 번 일어났을 거라고 기록했다. 이러한 분출을 '종말론적 초플리니형'이라고 부른다. 그중 가장 거대한 분출은 거의 7만 5,000년 전에 수마트라섬(현 인도네시아)에 있는 토바산에서 2,500km³에 달하는 암석을 뿜어낸 것으로, 이는 크라카타우의 분화보다 50배나 더 많은 양이었다. 쌓인 화산재 두께가 거의 15cm로, 동남아시아 전체를 덮을 정도였다. 성층권까지 솟구쳤던 화산재는 그린란드와 남극 대륙의 만년설에서 발견되었고, 적어도 10년 동안 지구의 온도를 3~5도 떨어뜨렸다. 오늘날 토바산이 남긴 흔적은 칼데라를 덮고 있는 100km 길이의 평화로운 호수뿐이다.

　　이와 관련해 1990년대 이후에 등장하여 논란을 일으킨 인류학 이론이 있다. 화산 폭발로 화산 겨울(화산재와 황산, 물의 방울이 태양을 가려서 지구 기온이 감소하게 된다. 주로 성층권에 황 가스가 주입되면서 장기적인 냉각 효과를 가져온다-옮긴이)이 발생하면서 추위와 자원 부족으로 인구가 많이 감소했다는 이론이다. 인구의 급격한 감소는 인류의 유전적 다양성이 낮은 이유를 설명하는 데 필요한 병목 현상(기후나 다른 환경적 조건이 불리할 때, 생물 집단의 크기가 급격히 감소하여 집단 소멸의 위험까지 도달되었다가 조건이 호전됨에 따라 원래 집단 크기로 회복하는 경우. 집단 크기의 감소로 인한 유전자 부동 현상이 일어난다-옮긴이)의 원인이 될 수 있다.

화산 활동 또는 생명

인류는 이러한 화산 재앙적 분출
이 불러온 여러 종류의 기후 변화
에서 살아남아야 했다. 하지만 화산 폭발이 일으키는 재앙의 최고
봉을 차지하는 용암 대지에서도 살아남을 수 있었을까? 지구 나이
를 고려했을 때, 짧은 순간에 이 광대한 현무암 지형이 만들어졌다
는 것은 몹시 놀라운 일이다. 불과 몇 백만 년 만에 두께 2km가 넘
는 현무암이 100만 km² 이상(즉 프랑스 표면적의 두 배) 덮인 광대한
화산 지역이 수십 군데 생겨났다.

공룡을 포함해 당시 살던 생물 종의 90% 이상이 멸종한 대멸
종은 6,500만 년 전에 생긴 데칸 용암 대지와 관련이 있다. 이것은
용암 대지 중에서도 최근에 생긴, 또 가장 잘 알려진 것이다. 화산
활동이 멸종의 원인이라는 가설은 여전히 논쟁거리지만, 기상 영
향 때문이라는 이론 또한 백악기 동물군이 거의 완전히 멸종했던
생태학적 재앙을 설명하는 좋은 가설 중 하나다.

그러나 다른 용암 대지의 형성 시기를 고려해 보면, 데칸 용
암 대지가 생성된 시기와 고생물학자들이 설명하는 대부분의 다
른 대멸종 시기가 잘 일치한다는 점은 비교적 분명하다. 특히 지
구 표면에서 가장 큰 화산 지대(500만 km²)인 시베리아 용암 대지
는 페름기-트라이아스기 대멸종(2억 5,000만 년 전)의 원인으로 추
정된다. 그 기간에 자그마치 해양 생물 종의 95%와 대륙 생물 종
의 70%가 사라졌다. 2013년에 한 연구팀은 현무암과 경석(화산의

용암이 갑자기 식어서 생긴 구멍이 많은 가벼운 돌-옮긴이)이 번갈아 나타나는 시베리아 용암 대지가 형성될 때, 약 80조 톤의 이산화탄소가 배출된 것으로 추정했다. 참고로 현재 대기의 이산화탄소는 약 3조 2,000억 톤이다.

용암 대지의 기원은 여전히 미스터리로 남아 있다. 맨틀과 지구 핵 사이의 경계에서 수억 년에 걸쳐 솟아오른 거대한 맨틀 기둥으로 추정된다. 이 뜨거운 암석 기둥이 지표면에 접근하면서 용암 대지에 굳어진 엄청난 양의 용암을 발생시켰다. 현재 핫스폿 화산(하와이, 아이슬란드, 케르겔렌, 옐로스톤 등)은 그 흔적만 남아 있다. 지구의 연대로 볼 때 금방 끝난 이러한 화산 활동은 종말론과는 거리가 멀다. 오히려 화산 활동은 지각을 탄생시켰을 뿐만 아니라 많은 양의 광물 원소를 농축함으로써 토양을 비옥하게 했다. 그것은 지구의 대기와 바다를 이루었고, 생명의 가장 중요한 원천을 가져왔다.

3

지구를 들여다보는 초음파,
지진

지진은 지각 판이 지속적으로 움직이면서

수십 또는 수백 년 동안 축적된 에너지를 갑자기 방출할 때 발생한다.

이때 암석의 마찰 저항은 단층이 갑자기 미끄러지면서 내뿜는

탄성 에너지를 저장하는 데 도움을 준다.

이렇듯 단층의 점진적인 이동은 예측할 수 없는 순간에

지진파를 생성한다. 지진파는 진원과 가까운 경우 파괴적이지만,

다른 한편으로는 우리가 지구를 초음파로 스캔해서

지구 속 깊숙한 곳을 조사할 수 있게 해 준다.

물론, 전전히 미끄러지면서 파괴적인 파동을 일으키지 않는 단층도 있다.

왜 어떤 단층은 전전히 이동하는데 어떤 단층은 상황을 악화시키는

것일까? 그런 지진이 왜 어제는 일어났는데 내일은 일어나지 않는 걸까?

왜 저기가 아니라 여기에서 일어난 걸까? 과학자들은 이를 설명하고자

부단히 노력했지만, 여전히 미스터리로 남아 있다.

단층,
지진을 측정하는 수단

아리스토텔레스는 그의 기체학 이론에서 지진을 바람과 연관시켰다. 세네카(기원전 1세기 로마의 스토아학파 철학자-옮긴이)는 수증기가 그 원인이라고 생각했다. 계몽주의 시대의 성직자이자 천문학자, 수학자, 철학자인 피에르 가센디는 처음으로 지진의 원인이 지구의 내부 열과 관련된 폭발의 결과라고 주장했다. 전기를 사용하던 18세기에는 번개가 치면 그 에너지가 지각에 저장된다고 생각해서 번개가 지진의 원인으로 거론되었다. 1755년에 보스턴에서 발생한 지진 이후에는 벤저민 프랭클린이 설치한 피뢰침이 이 지역의 지진 활동이 증가한 원인으로 등장하기도 했다.

과학자들이 지진의 지질학적 원인에 관심을 두기 시작한 것은 19세기 말이었다. 1891년의 구마모토 지진 이후 일본 과학자인 고토 분지로는 지구 표면에서 관측된 균열이 일직선으로 이어져 단층을 형성한다는 사실을 인식했다. 그는 논을 지나가면서 땅의 단층을 따라 관개 수로의 위치가 변경되는 것을 측정했고, 이 변경된 간격이 서로 일정함을 관찰했다. 그래서 그는 네오다니 단층이 지진의 결과가 아니라 지진의 원인이라고 주장했다! 그로 인해 현재의 단층 지진 이론이 널리 퍼지게 되었다. 즉, 구조지질학적 기원을 가지고 있는 지진은 지각의 역학적 힘 때문에 발생하며, 취약한 영역(단층)을 파괴하고 최종적으로는 그 세기가 약해지게 된다는 것이다.

15년 후인 1906년, 샌프란시스코는 도시의 80%를 파괴한 규모 7.9의 지진으로 황폐해졌다. 사망자 수는 700~3,000명에 달했고, 이재민들은 수 년 동안 공원에서 야영해야 했다. 지진의 충격으로 파손된 가스관에 실수로 불이 붙으면서 시작된 화재로 입은 피해가 가장 심각했다. 큰 화재였던 이 사건은 아침 식사를 준비하던 한 어머니가 일으켰다는 점을 비꼬아 '햄과 에그파이어'라고 불렸다. 더구나 재난 규모를 생각하지 않고 불길을 잡으려고 시도했다가 오히려 상황이 악화되었다. 미국 서부 해안의 경제 중심지로 부상하고 있던 샌프란시스코에서 일어난 이 지진으로 상품 무역의 중심은 캘리포니아 북부에서 남부로 바뀌었고, 오늘날 캘리포니아 최대 도시인 로스앤젤레스의 발전이 본격화되었다.

이 극적인 사건에 이어, 미국 지질 조사국USGS은 지진을 일으킨 유명한 샌 안드레아스 단층의 지도를 작성하기 위해 현장 연구를 시작했다. 그 결과, 샌프란시스코만의 남쪽에서 캘리포니아 북부의 멘도시노곶까지 약 400km의 균열이 확인되었다.

존스 홉킨스 대학교 교수인 해리 리드는 샌프란시스코에서 북쪽으로 수십 km 떨어진 토말레스만에서 가축우리를 관찰하다가 훌륭한 가설을

이 가축우리가 지진 발생 동안 부서진 채로 몇 m 움직인 이유는, 대륙의 지속적인 이동으로 지진이 발생하기 수년 전에 이미 이 가축우리가 뒤틀려 있었기 때문이라는 것이다.

세웠다. 이 가축우리가 지진 발생 동안 부서진 채로 몇 m 움직인 이유는, 대륙의 지속적인 이동으로 지진이 발생하기 수년 전에 이미 이 가축우리가 뒤틀려 있었기 때문이라는 것이다. 탄성 반발설은 이렇게 탄생했다. 고무줄로 생각해 보자. 일정한 힘으로 탄성이 있는 고무줄을 계속 당겼을 때 어느 정도 시간이 지나면 결국 고무줄은 끊어지는데, 이것이 바로 지진의 원리이다. 가장 큰 문제는 이 고무줄이 팽팽해질수록 결국엔 고무줄이 끊어지리라는 것을 알고 있으므로, 우리는 늘 두려움에 떨어야 한다는 점이다. 하지만 정확히 언제 끊어질지는 예측할 수 없다! 불행히도 지진을 예측하는 우리의 능력은 여전히 부족하다. 가장 최근에 일어난 후쿠시마 지진이 그 예이다.

판 사이의 떨림　　　　　　일본과 캘리포니아의 지질학적 공통점은 이 지역이 두 지각 판의 경계에 걸쳐 있다는 점이다. 지각 판은 우리 지구의 표면을 싸고 있는 단단한 껍질이다. 맨틀의 대류 운동 때문에 밀린 지각 판은 서로 움직이고, 마찰을 일으키고, 멀어지고, 접근하고, 미끄러진다. 지각 판이 서로 가까워지면 압축력이 생긴다. 밀도가 높은 판이 더 가벼운 판 아래의 맨틀 속으로 가라앉는데, 이것이 일어나는 지역이 섭입대이다. 2개의 지각 판이 수평으로 미끄러지는 경계에서는 수직 이동이 거의 또는 전혀 없다. 그래서 대륙은 도로에서 마주친 두 대의 자동차처럼 그곳에서 교차한다. 캘리포니아 샌 안드레아스 단층이나 튀르키예 북부 아나톨리아 단층이 그 경우이다. 한편 서로 멀어지는 두 판의 경계에서 지구 지각은 아프리카 대륙의 동쪽이나 대양 한가운데에서처럼 찢어지고 얇아진다. 붕괴하는 커다란 계곡인 열곡은 이렇게 확장하는 지형의 표시이다.

경계면에서 멀리 떨어진 판 한가운데는 비교적 조용하다. 그러나 판 경계는 상황이 전혀 다르다. 암석은 지구 표면에서 가장 가까운 15~50km 깊이에서 냉각되고 깨지기 쉬운 상태가 되기 때문이다. 따라서 맨틀의 느리고 연속적인 움직임은 두 판 사이의 경계를 보여 주는 단층대에서 빠른 충격, 다시 말해 지진으로 변한다. 지각 단층은 두 번의 지진이 발생하는 동안에는 접촉면에 있는 암석의 마찰 저항 때문에 움직이지 않는 상태가 된다.

그러나 지각 판이 계속 움직이면 판 경계가 비틀어지고 탄성 에너지가 저장된다. 저장된 탄성 에너지가 너무 커지면 단층이 '파열되고' 갑자기 미끄러진다. 그렇게 되면 마찰 때문에 저장된 탄성 에너지 일부를 방출한다. 탄성 반발이라고 부르는 이 간단한 모델은 활성 단층대에서 우리가 관찰하게 되는 중요한 상태를 잘 설명해 준다. 두 번의 지진이 일어나는 과정에서 지체 응력(습곡이나 단층 같은 대규모 조산운동을 일으키는 힘-옮긴이)이 쌓인다. 그리고 지진이 발생하면 지각의 탄성으로 인한 반동으로 이 힘이 방출된다.

암석의 탄성은 진앙에서 수백, 수천 km 떨어진 곳에서도 지진이 감지되고 측정될 수 있는 이유를 설명한다. 용수철을 생각해 보자. 한쪽을 건드리면 용수철의 고리를 통해 다른 쪽 끝까지 파동이 전파되는 것을 알 수 있다. 지진파의 원리도 비슷하다. 지진이 발생하면 단층의 양 끝 사이에서 수백 km에 달하는 균열이 급속히 퍼지면서 파동이 생성되어 탄성을 가진 지각에 전파된다. 이것이 바로 지진파이다.

진앙이 지표면과 가까우면 지진파가 너무 강력해서 우리에게 큰 피해를 입힐 수 있다. 진앙과 가까운 곳에 있다면 큰 지진으로 발생한 파동이 지각을 통과하는 동안 우리는 똑바로 서 있을 수조차 없다. 마치 웅덩이에 돌멩이를 던졌을 때 수면 위로 퍼지는 파동처럼, 지진파 역시 진앙에서 거리가 멀어지면 점점 줄어든다. 하지만 지구 내부로는 지각, 맨틀, 심지어 지구의 핵까지 깊숙이 전파될 정도로 지진파의 감소 정도는 아주 작다. 따라서 규모 5보다 큰 지진은 지구 반대편에 있는 대척점에서까지 감지할 수 있다. 아주 강력한 지진은 파동이 행렬을 만들어 지구를 여러 번 돌기 때문에, 정밀한 지진계를 사용할 경우 며칠간 측정이 가능하다.

진앙이 지표면과 가까우면 지진파가 너무 강력해서 우리에게 큰 피해를 입힐 수 있다. […] 마치 웅덩이에 돌멩이를 던졌을 때 수면 위로 퍼지는 파동처럼, 지진파 역시 진앙에서 거리가 멀어지면 점점 줄어든다.

지구 초음파

지진학자들은 지진파를 마치 초음파처럼 지구 내부를 조사하는 데 사용해 왔다. 그렇게 해서 지구의 거대한 내부와 표면 사이의 경계를 발견했고, 그 경계면에 이름을 붙였다. '모호로비치치 불연속면' 또는 '모호면'으로 불리는데, 약 30km 깊이(위치에 따라 달라짐)에서 맨틀과 지각이 분리된다. '구텐베르크 불연속면'은 깊이 약 2,900km에 있는 맨틀과 외핵 사이의 경계를 말하고, '레만 불연속면'은 깊이 약 5,100km에 있는 액체 외핵과 고체 내핵 사이의 경계를 말한다.

1960년대부터 우리는 지진파를 통해 지구가 끊임없이 진동하고 있다는 사실도 알게 되었다. 지구의 표면은 잇달아 울리는 종소리처럼 연속적 지진의 영향 때문에 적절한 진폭으로 계속해서 진동한다. 2000년대 이후에는 파도, 바람, 폭풍까지도 '기침'처럼 지구의 표면을 진동시킨다는 것을 알게 되었다.

규모, 방출되는 탄성 에너지의 크기

지진학자들은 규모로 지진의 크기를 측정한다. 오늘날에는 '모멘트 규모'를 사용해 지진의 크기를 나타내는데, 모멘트 규모란 지진이 일어나는 동안 방출되는 탄성 에너지의 척도인 '지진 모멘트'(단층의 파열 면적과 평균 미끄러짐의 양 및 암석의 강성률 등을 바탕으로 측정하는 지진의 크기에 대한 척도-옮긴이)를 계산한 것이다. 지진의 크기를 서로 비교하기 위해 사용되는 모멘트 규모는 20세기 초에 지진학자인 찰스 리히터가 개발한 리히터 규모를 기반으로, 1970년대에 그 오류를 수정하면서 확정되었다. 리히터 규모는 진앙에서 약 100km 떨어진 지점에서 기록된 파동의 진폭을 측정한 값으로, 이제 정확도가 떨어져 더는 사용하지 않고 있다.

자의 길이에 따라 부러진 자에서 방출되는 탄성 에너지가 달라지는 것처럼, 지진의 규모도 파열된 단층의 면적에 따라 달라진다. 대륙 지각은 깊이 15~20km에서는 탄성이 있지만, 더 깊은 깊이에서는 연성(물질이 탄성 한계 이상의 힘을 받아도 부서지지 않고 가늘고 길게 늘어나는 성질-옮긴이)이 생겨 밀가루 반죽처럼 흘러내리는 상태가 되고 응력을 축적할 수 없게 된다. 따라서 15~20km 이상에서는 지진이 일어날 수 없다. 반대로, 수평으로 파열되는 단층은 단층 자체 길이만큼 길게 파열될 수 있다.

1906년에 일어난 샌프란시스코 지진은 규모 7.9로, 길이 400km, 폭 15~20km의 단층에서 5~10m 정도로 미끄러지면서 발생했다. 1965년 5월 22일에 있었던 칠레의 발디비아 지진은 사상 최대 규모의 지진으로, 길이 1,000km, 너비 60km에 걸쳐 지진파가 초당 약 3km의 속도로 퍼졌다. 이에 아일랜드와 거의 같은 면적의 표면이 몇 분 만에 20m 이상 움직였다. 발디비아 지진의 최종 규모는 9.5였다. 모멘트 규모는 로그 함수를 사용하고 있어서 에너지 기준으로 보면, 샌프란시스코 지진 때보다 거의 250배 더 큰 탄성 에너지가 방출된 셈이다.

판의 이동　　　　　　　그러나 지각이 깊이 20km 사이에서만 탄성을 가지고 있다면 어떻게 이 지진이 그렇게 널리 퍼질 수 있었을까? 바로 지진의 원인이 된 단층이 약 10~15도의 경사를 이루며 수평선 아래에 있었기 때문이다. 발디비아 지진으로 인해 칠레 해안도 서쪽으로 20m 이동하는 데 그치지 않고 거의 5m나 상승했다. 이런 섭입대의 경우, 해저면과 수직 방향으로 지진이 일어나면 갑자기 많은 양의 물을 밀어내서 거대한 파도나 쓰나미를 일으키고 대양을 가로질러 해안이 범람하게 된다. 2004년에 인도네시아 지진 당시 수천 km의 단층이 파열되어 수마트라섬 남쪽에서 북쪽으로 파열이 전파되었고, 해저면은 몇 미터 이동했다. 규모 9.1인 이 지진으로 쓰나미가 발생하여 인도양을 가로질러 인도네시아, 방글라데시, 인도, 마다가스카르, 심지어 아프리카 에티오피아의 해안까지 황폐화되었다.

　규모가 작은 지진도 파괴적인 영향을 미칠 수 있다. 2009년, 이탈리아 라퀼라 지진 때는 가장 큰 기록이 규모 6.3이었다. 이것은 길이 수십 km, 폭 10~20km의 단층이 수십 cm 미끄러지는 정도의 강도였다. 하지만 진앙이 인구 밀집 지역 바로 아래에 있었고, 그 지역에 있던 건축물들은 지진에 강하지 않은(내성이 거의 없는) 재료로 지어졌다. 이탈리아에서는 이러한 지진이 수백 년에 한 번 정도 반복되었기 때문에 사람들은 지진을 기억하지도, 지진에 대비하지도 않았던 것이다.

해저면과 수직 방향으로 지진이 일어나면 갑자기 많은 양의 물을 밀어내서 거대한 파도나 쓰나미를 일으키고 대양을 가로질러 해안이 범람하게 된다.

그러나 점차 지진 규모의 법칙을 찾아내게 된다. 지진의 규모를 측정한 결과, 지구에서 규모 8의 지진은 매년 약 1회 발생하고, 규모 7의 지진은 매년 10회, 규모 6의 지진은 100회 정도 발생했다. 잘 알려진 이 법칙은 '구텐베르크-리히터 법칙'이라 부르는데, 1956년에 이 법칙을 제안한 캘리포니아 공과대학교의 두 지진학자의 이름을 따서 지었다. 따라서 우리는 지진 단층이 매우 복잡한 상대라는 것을 알 수 있다.

대부분 막혀 있는 지진 단층은 많은 지진을 발생시키면서 수백만 년에 걸쳐 판의 이동을 불러온다. 이 경우 큰 지진보다는 작은 지진이 주로 발생한다. 큰 지진이 어딘가에서 시작하여 단층을 따라 전파되고 특정 장소에서 멈추는데, 그때의 크기가 지진의 규모를 결정한다는 것을 알게 되었다. 그렇다면 지진이 발생하기 전에 지진의 시작점과 끝점을 알면 지진의 규모도 예측할 수 있을 것이다.

내성이 거의 없는 물질

물질의 단단한 정도는 지진에 대한 저항력에 그다지 영향을 미치지 않는다. 중요한 것은 부서지는 특성이다. 벽돌 벽은 구부러지지 않기 때문에 지진파가 지나가면 부서진다. 목조 주택은 흔들리고 갈라지기는 하지만 지진파에 더 잘 견딘다.

일본 도심에 있는 대형 타워는 기중기 시스템을 기반으로 지면에서 분리되어 있어서 지진파의 영향을 받았을 때 진동으로 흔들렸을 뿐 무너지지는 않았다. 하지만 이탈리아에서는 지진이 거의 발생하지 않아 자연스럽게 사람들의 기억에서 잊혔다. 결국, 석재로 지어진 이탈리아 아퀼라 지역의 크고 웅장한 주택과 교회는 그 대가를 치러야만 했다.

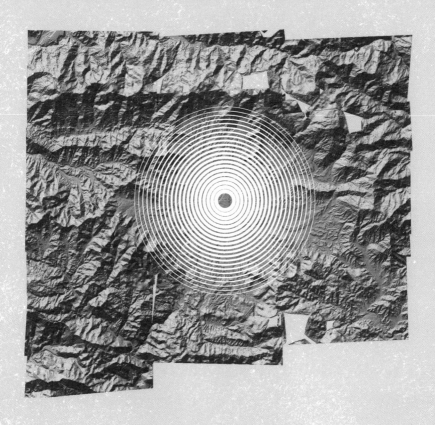

지진이 일어나지 않는 단층

어떤 단층은 이동이 완전히 차단되지 않아서 시간이 지나면 상태가 달라질 수 있다. 이 사실을 밝히는 데 무려 20년이 걸렸다. 1960년, USGS 엔지니어들은 샌프란시스코 남쪽 포도밭에 갔다가 그곳 지하실에 저장된 포도주통 하나의 위치가 이동했다는 사실을 알게 됐다. 그러나 지진이 발생한 것은 아니었기 때문에 보험 회사는 지진과 관련된 보상을 거부했다. 이에 대해 캘리포니아 대학교의 칼 V. 스타인브루게 교수는 샌안드레아스 단층이 지진파를 방출하지 않고 부분적으로 천천히 미끄러질 수 있다고 결론지었다. 하지만 아이러니하게도 그는 이것이 그다지 중요하지 않은 표면적 현상에 불과하다고 말했다.

몇 년 후, 임페리얼 칼리지 런던의 그리스 지진학자인 니콜라스 앰브라시스는 튀르키예의 북 아나톨리아 단층을 따라 큰 지진의 잔해를 탐사하던 중, 그가 타고 있던 기차가 이스메트파사역에서 예기치 않게 멈춰 선 덕분에 흥미로운 불일치를 발견했다. 12년 전에 지어진 하나의 담벼락이 둘로 갈라져서 서로 24cm나 떨어져 있었다. 그 사이에 아무런 진동도 느껴지지 않았다는 점에서, 그는 북 아

12년 전에 지어진 하나의 담벼락이 둘로 갈라져서 서로 24cm나 떨어져 있었다. 아무런 진동도 느껴지지 않았기 때문에, 그는 북 아나톨리아 단층이 지진 활동은 일으키지 않은 채 그 위치의 판 운동과 비슷한 연간 2cm의 속도로 미끄러지고 있다고 결론지었다.

나톨리아 단층이 지진 활동은 일으키지 않은 채 그 위치의 판 운동과 비슷한 연간 2cm의 속도로 미끄러지고 있다고 결론지었다. 단층이 판의 속도로 미끄러지면 탄성 에너지가 축적될 수 없다. 그러나 이곳에서는 1943년에 규모 7.3의 지진이 발생했다.

지진 단층의 어떤 부분은 지진이 발생하지 않고 미끄러지며, 또 어떤 부분은 막혀 있다가 지진이 발생하면서 파열되고, 또 다른 부분은 두 가지 경우가 모두 일어난다.

따라서 지진 단층의 어떤 부분은 지진이 발생하지 않고 미끄러지며, 또 어떤 부분은 막혀 있다가 지진이 발생하면서 파열되고, 또 다른 부분은 두 가지 경우가 모두 일어난다는 사실을 알 수 있다. 단층이 막혀 있지 않은 곳에서는 지면이 뒤틀리지 않기 때문에 지면의 변위를 통해 이를 측정할 수 있다. 일본이나 칠레의 섭입대 특정 부분이나 샌 안드레아스 단층의 중앙 부분을 따라 나타나는 경우가 그 예다. 비슷하게, 느린 지진(수 시간에서 수개월의 비교적 긴 시간 동안 불연속적으로 에너지를 방출하는 지진-옮긴이) 동안 응력을 방출하는 단층대가 있다. 이러한 미끄러짐 현상은 지진파를 일으키지 않은 채로 응력이 방출되는 몇 주~몇 개월 동안 지속된다. 캐나다 서부 또는 일본 특정 지역의 섭입 경우가 여기에 해당한다.

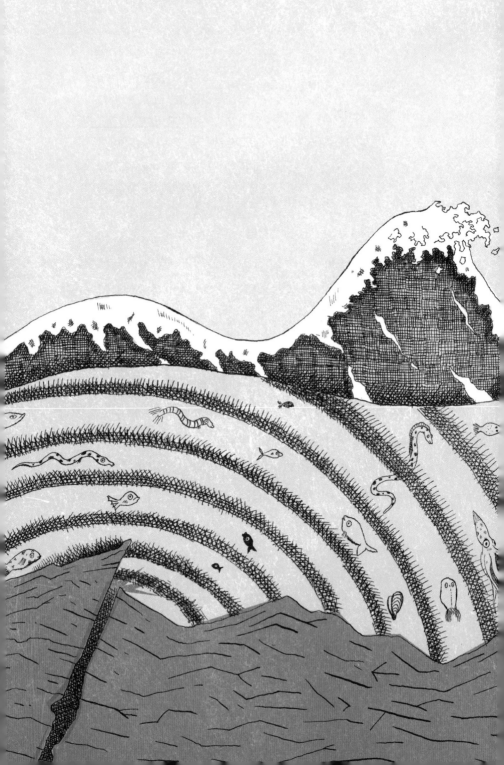

제3형 지진

단층이 막히지 않거나 응력을 천천히 방출하는 곳에는 거의 변형이 일어나지 않는다. 따라서 이러한 지역을 살펴보면 해당 지역에서 발생할 미래의 지진에 대한 귀중한 정보를 얻을 수 있다. 울퉁불퉁한 지형으로 막혀 응력을 축적하는 두 개의 큰 지진대 사이에는 큰 지진 단층이 있으며, 그 외의 다른 부분들은 지속적으로 천천히 그리고 다른 부분들은 느린 지진이 발생하는 동안 일시적으로 응력이 완화될 것이다. 이전에 단층 이동이 차단된 영역에서 큰 지진이 발생할 것처럼 보이지만, 이러한 영역 중 일부는 조용히 미끄러질 수도 있다. 왜일까? 우리는 여전히 알 수 없다.

미국의 뉴 마드리드나 보츠와나 같이 변형이 전혀 측정되지 않은 지각 판 한가운데서도 지진은 발생한다. 어떻게 에너지를 축적하지 않고 방출할 수 있을까? 현재 여러 가설을 세우고 연구하고 있지만, 수수께끼는 풀리지 않고 있다.

500km 이상의 깊이에서 발생하여 퍼져나가고 멈추는 꽤 특이한 지진도 있다. 그중 가장 신비로운 지진은 1994년에 볼리비아에서 일어났는데, 무려 규모 8.2에 달하는 지진이 깊이 650km에서 발생한 것이다. 지진학자들은 이러한 지진의 기원이 광물 감람석의 변형과 관련이 있다고 믿는다. 흑연이 지하 150km의 압력을 받으면 다이아몬드로 변하는 것처럼, 상부 맨틀의 주성분인 감람석은 지하 약 500km 부근에서 화학적 조성은 같으면서도 밀도가

더 높은 청색 광물인 링우다이트로 변한다. 최근 지구물리학자들의 실험 결과, 깊은 섭입대의 압력과 온도 조건에서 일어나는 이러한 광물상 변형이 지진파의 전파를 가져올 수 있다는 것을 밝혀냈다. 어떻게 보면 이러한 지진은 맨틀의 특성이 변할 때 진동이 일어난다는 증거라고도 할 수 있다.

지진 예측   어째서 지진은 어느 한 시점에만 발생하고 다른 때는 발생하지 않는 걸까? 어째서 지진은 이곳에서 멈춘 걸까? 현재로서는 여러 질문에 부분적인 답변만 할 수 있다.

이즈미트 지진(튀르키예, 1999년) 이전에, 지진계는 매우 작은 지진들이 같은 장소에서 똑같이 반복되는 것을 기록했다. 이러한 지진이 반복되는 횟수는 본진이 발생하기 1시간 전에 기하급수적으로 증가했다. 이 현상은 지진의 핵 생성 단계에 대한 표시로 해석되었다. 좀 더 일찍 이 단계를 감지할 수 있었다면 지진이 일어날 것을 예측하고 사람들에게 경고할 수 있을 것이다. 하지만 안타깝게도 지진에서 얻은 데이터를 가지고 몇 년에 걸쳐 연구한 끝에야 핵 생성 단계를 발견하게 되었다.

2014년 칠레 이키케에서 규모 8.1의 지진이 발생하기 전, GPS 관측소에서는 본진이 발생하기 몇 주 전부터 발생한 느린 지진을 기록하고 있었다. 그리고 이러한 지진 움직임은 최대 6.5까지, 적당한 규모의 지진들로 점점이 기록되었다. 오늘날에는 이것이 이키케 지진의 핵 단계라고 여기게 되었다. 그러나 본진이 발생하기 전에는 단순한 느린 지진과 파괴적인 지진의 핵 생성 단계 사이에 눈에 띄는 차이는 느껴지지 않는다. 그렇다면 어떻게 지진을 예측할 수 있을까? 오늘날 우리가 할 수 있는 대답은 매우 간단하다. 우리는 과학적 방법을 사용하여 지진을 예측하는 방법을 아직 모른다.

판 경계에서 일어나는 움직임은 우리가 살아남으려 애써야 할

핵 생성

지진 핵 생성은 가장 최근의 물리적 모델을 이용해 이론적으로 예측된 단계로, 이 단계 동안 단층은 미끄러지기 시작하고 너무 빨라서 멈출 수 없을 때까지 가속한다. 지진이 시작되면 지진파가 방출된다. 아직은 관찰 사례가 한 손으로 꼽을 수 있을 정도로 적어서 이 단계나 지속 기간을 예측하기는 매우 어렵다. 하지만, 일단 이 단계를 감지할 수만 있다면 사람들에게 미리 경고할 수 있을 것이다.

현재로서는 주요 의문점이 아직 해결되지 않은 상태로 남아 있다. 모든 지진에 적용할 수 있는 느리지만 감지 가능한 핵 생성 단계가 있을까? 파괴적인 지진의 전조가 될 수 있는 핵 생성 단계와 느리고 위험하지 않은 지진을 미리 구별할 수 있는 방법은 무엇일까? 이러한 핵 생성 단계를 체계적으로 관찰하는 방법은 무엇일까?

정도의 재앙적인 현상을 일으킨다. 일본이나 칠레의 경우 내진 설계로 대규모 지진 발생 때 인명 피해를 최소화할 수 있었지만, 후쿠시마 지진 같은 어마어마한 규모의 재난은 어김없이 우리에게 주의할 것을 경고한다. 그렇다면 우리가 할 수 있는 방법은 무엇일까? 일부 핵 생성 단계를 더 많이 관찰할수록 체계적으로 탐지할 수 있다. 그러나 그렇지 않은 지진의 경우도 있으므로 여전히 문제는 남아 있다.

현재 연구는 기상학 방법과 유사한 기술을 사용하거나 인공 지능을 사용하여 지진을 예측하는 것에 중점을 두고 있다. 앞으로 몇 년 내에 진전을 이룰 수는 있겠지만, 현재는 1947년에 칼텍 지진연구소 소장이었던 베노 구텐베르크의 말을 믿을 수밖에 없다. "(지진의) 날짜, 시간 및 위치에 대한 구체적인 예측은 아마추어나 선전 거리를 찾는 사람들, 신비로운 힘을 믿는 사람들, 또는 평범한 바보들 때문에 시작된 것이다."

4

지각이 만들고
기후가 조각하다!

대륙은 해양보다 가벼운 암석으로 이루어져 있어서

지구 내부로 가라앉기 더 어렵다.

그래서 오랜 기간에 걸쳐 서로 충돌해 왔으며,

이 충돌로 산맥이 생겨났다.

산맥은 물의 침식 작용으로 다듬어지고,

대륙 표면은 기후에 의해 완전히 변형되었다.

그러나 대륙 역시 해양 순환을 방해하거나

대기 조성을 변화시켜 기후에 영향을 주기도 한다.

따라서 누가 누구를 만들고 다듬었다고 말하기는 어렵다.

판 구조론

판 구조론은 지구 표면의 지리적 변화, 특히 대륙과 해양의 위치를 설명하고 지형의 변화를 이해하는 데 중요한 열쇠가 되는 이론이다. 판 구조론은 원래 이러한 변화의 지질학적 흔적을 관찰하면서 만들어졌는데, GPS가 등장하면서 해마다 그 변화를 직접 측정할 수 있게 되었다.

방사능을 이용한 연대 측정

방사능을 이용하면 모래시계처럼 시간을 측정할 수 있다. 방사성 핵이 핵분열하면서 모래시계 윗부분은 텅 비고, 모래시계 아랫부분은 핵분열 결과 생겨난 핵으로 채워진다. 방사성 모래시계는 특히 탄소14의 연대를 측정해서 역사 시대나 선사 시대의 일부 생물학적 기원 흔적의 연대를 측정한다. 또한 산호 또는 화산 용암 같은 고대 암석의 연대를 측정하는 데도 사용된다. 측정할 수 있는 기간은 수백 년에서 수십억 년에 이르기까지 다양하다. 연대 측정에 적합한 다양한 동위원소를 사용할 수 있다.

초기 기록 보관소 지각 판은 지구를 둘러싸고 있는 거대한 퍼즐 조각과 같다. 이 퍼즐 조각은 맨틀 가장 위쪽의 단단한 부분에 만들어져서 압력이나 잡아당기는 힘으로 쪼개진다. 이렇게 형성된 조각은 두께가 약 100km로, 그 아래에 있는 점성이 높은 맨틀이 스스로 움직이기 시작하면 따라 움직인다. 이 지각 판 퍼즐을 위에서 내려다보면 세계 지도 모양을 이루고 있다.

어둡고 고른 색조를 띠는 현무암과 퇴적물로 덮여 있는 조각이 바로 해양 지각이다. 이 부분은 바다로 완전히 덮여 있다. 다른 조각은 깊은 골짜기와 굴곡이 심한 지형을 이루고 있으며 베이지색, 녹색 또는 흰색을 띤다. 이 부분의 지각은 약 30km 두께의 두꺼운 아크릴 물감 층처럼 보인다. 매우 이질적인 이 지각은 대륙 덩어리를 형성하며, 마치 빙산에 걸린 얼음덩어리처럼 대륙 덩어리를 운반하는 전체 지각 판과 수평으로 움직인다. 거대하지만 가벼운 대륙은 시간이 지나도 맨틀 속으로 가라앉을 정도로 무거워지지는 않는다. 이 점에서 2억 년 후면 섭입(하나의 암석권 판이 다른 판 아래로 내려가는 형상-옮긴이)될 것으로 예견되는 해양판과는 다르다.

그래서 대륙은 40억 년 이상 지구 표면에서 일어나는 변화를 겪어냈다. 기후 변화는 우리 지구의 모양을 만들었고 여전히 모양을 만들어가고 있다. 대륙 표면은 단순한 제3자가 아닌, 기후 변화에 영향을 받는 주체인 셈이다.

최초 대륙의 흔적을 찾으려면 호주 잭 힐의 깊고 건조한 언덕으로 떠나야 한다. 1980년대의 과학자들은 여기서 '지르콘Zircon'이라고 불리는 작은 광물을 발견했다. 지르콘의 방사성 원소 함량을 보면 이 광물이 만들어진 시기는 대략 43억 년 전으로 보인다. 지르콘은 화강암질 마그마에서 결정화되었으며, 그 화학적 조성은 여러 면에서 현재의 대륙 지각을 만드는 마그마와 유사하다는 것이 밝혀졌다. 화강암질 마그마는 액체 성질을 보이는 지구 맨틀이 부분적으로 녹아 생성된 것이다.

이 현상은 섭입대 근처, 오늘날의 바다 가장자리에서 발생했다. 대륙판보다 밀도가 크고 차가운 해양판이 맨틀 아래로 밀려들어가면 압력이 높아져 해양판에서 물이 빠져나간다. 빠져나간 물은 밀도가 높지 않아서 가라앉은 해양판 위의 뜨거운 맨틀에 수분을 공급해 녹일 수 있다. 그렇게 생성된 마그마는 표면으로 올라가 화강암으로 응고된다. 점차 화강암 관입(마그마가 주변의 암석을 뚫고 들어가는 일-옮긴이)이 잦아지면서 바다는 줄고 대륙이 증가하게 된다.

잭 힐에서 찾은 화강암질 마그마의 흔적은 43억 년 전으로, 지구가 우주 먼지로부터 형성된 지 불과 2억 년 만에 이미 비슷한 과정이 진행되고 있었음을 시사한다.

지구 초기에 대한 기록은 거의 없다. 초기 암석이 거의 남아 있지 않고, 대개는 퇴적되거나 침식되거나 접근할 수 없을 정도로 깊은 곳에 묻혀 있기 때문이다. 그러므로 모든 대륙 물질이 지구 역사 최초 10억 년 안에 빠르게 형성되었는지, 아니면 시간이 지나면서 계속 축적됐는지를 밝혀내기란 쉽지 않다.

지질학 분야에 어느 정도 지식을 가진 사람이라면 대륙이 모두 새로 결정화된 아름다운 화강암으로 구성된 것이 아니라, 오히려 어느 정도 화강암과 유사해 보이는 변성암과 퇴적암 조각이 섞여 있다고 할 것이다. 예를 들어 지표면 약 10km 아래에서 구워지고 압축된 화강암은 마시프상트랄(중앙산괴나 중앙산지로 불리며 프랑스 전체 면적의 약 6분의 1을 차지한다 - 옮긴이)에서 볼 수 있는 것처럼 장석, 석영, 운모로 구성된 편마암으로 변한다. 침식된 화강암이 부서지면 그 조각들은 퐁텐블로나 보주산맥에서처럼 응집되어 사암과 모래를 형성한다. 이 퇴적암 외에도 오스만(파리의 도시 미화·도로 계획·공익 사업 등을 추진한 프랑스 행정관-옮긴이)이 파리를 건설하는 데 사용한 암석처럼 얕은 물에 사는 유기체 껍질에서 나온 석회암 퇴적물이 있다.

대륙 지각은 끊임없이 다시 다듬어지면서 대륙의 역사와 그 안에 사는 생명체의 역사를 보여 주는 여러 개의 복잡한 조각으로 이루어져 있다. 또한 대륙성 물질은 너무 가벼워서 표면 아래로 섭입되어 사라지기는 어렵다. 그러나 많은 양의 화성암은 대륙 지각이 부분적으로 두꺼워지는 지점까

> *대륙 지각은 끊임없이 다시 다듬어지면서 대륙의 역사와 그 안에 사는 생명체의 역사를 보여 주는 여러 개의 복잡한 조각으로 이루어져 있다.*

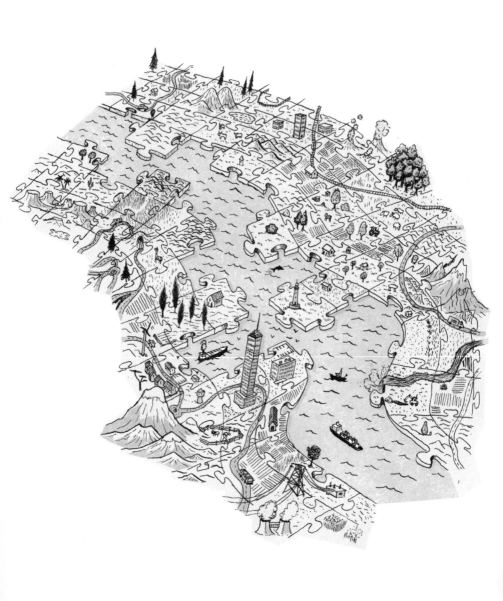

지 응집되면서 대륙 지각에 상당한 압력을 가하고, 그로 인해 광물 조성을 바꾸기도 한다. 그러면 대륙의 가장 아랫부분은 그 밑에 있는 맨틀보다 밀도가 높아지므로 부서져서 지구 내부로 가라앉는다. 많은 연구자들은 현재 대륙의 고대 역사를 재구성하기 위해 대륙 지각의 생성, 변형 및 파괴 과정의 상대적 중요성을 이해하고자 노력하고 있다.

운동 에너지

운동 에너지는 물체가 움직이면서 갖게 되는 에너지이다. 정지 상태의 물체를 움직이는 데 필요한 일과 같다. 이를 통해 일정 기간 물체의 운동 에너지 변화는 물체에 가해진 외부 힘이 하는 일과 같다는 것을 알 수 있다.

$$E_c = \frac{1}{2}mv^2$$

물이 산을 침식시킬 때 대륙은 가벼워서 평균 해수면 위
로 떠오르게 되고, 그로 인해 대
류의 수명이 결정된다. 대륙 표면의 거의 절반이 해수면과 해발
1km 사이에 있다. 그중 1%만이 알프스나 히말라야 같은 큰 산맥
으로, 고도가 4km를 넘는다. 이러한 산악 지역은 섭입하는 해양판
과 맞물려 있는 대륙판이 다른 대륙판과 충돌하면서 만들어진다.
밀가루 덩어리 두 개를 반죽하는 것처럼 두 개의 대륙 지각은 서
로 충돌하면서 두꺼워진다. 따라서 인도판이 유라시아판과 충돌
하는 히말라야 아래에 있는 대륙판은 두께가 70km에 이른다.

감싸고 있는 맨틀보다 밀도가 작은 지각 뿌리는 지각 전체를
밀어 올려 울퉁불퉁한 지형을 만드는 부유물 역할을 한다. 산은 마
치 빙산 꼭대기처럼 커다란 구조 중에 우리 눈에 보이는 극히 일
부분일 뿐이다. 이 현상을 지각 평형(지각 및 상부 맨틀에서 지하 어느
깊이까지 도달하면 위에서부터의 압력이 산악 아래에서나 해양 바닥 아래에서
도 똑같게 되어 있어서, 정수 역학적으로 균형을 유지하고 있다는 생각이다. 아
이소스타시라고도 한다-옮긴이)이라고 하는데, 이것으로 티베트 고원
(5km)의 평균 고도를 설명할 수 있다. 특히 지각 판의 수평 이동이
어떻게 대륙에 울퉁불퉁한 지형을 만들었는지도 설명할 수 있다.

두 대륙의 충돌은 이를테면 히말라야산맥 전면에 드러나는
MFT(히말라야 산기슭과 인도 갠지스 평원 사이의 경계를 정의하는 히말라
야의 지질학적 단층-옮긴이) 같은 거대한 단층 형성으로 이어진다. 이

단층은 히말라야처럼 대륙 전체를 밀어 올리고, 산 무게 때문에 침강하는 갠지스 평원처럼 다른 덩어리 위로 미끄러진다. 이렇게 주요 단층은 대산괴(육괴라고도 하며 판 구조론에서 단층이나 습곡으로 구분된 암체-옮긴이)나 분지 지형을 증가하게 만들었다.

지형은 항상 불안정하다. 마치 허공으로 들어올린 공처럼 고도가 높은 산은 위치 에너지를 저장하고, 바닥에 떨어져 움직이지 않는 공처럼 완전히 평평한 대륙이나 땅 같은 안정된 상태로 돌아가기 위해 운동 에너지로 변환한다.

산악인에게는 다행스럽게도, 대륙 암석은 산맥이 형성되는 몇천만 년 동안은 자체 무게로는 무너지지 않을 정도로 강하고 단단하다. 반면에 지형은 모든 형태의 바람과 물의 빠른 침식작용의 영향을 받아 영구적으로 변형된다. 높은 고도에 있는 빙하는 굴착기처럼 작용해서 넓고 평평했던 바닥에 계곡을 만들고 침식 잔해인 빙퇴석을 운반한다.

낮은 고도나 온대 기후에서는 강이 지형 침식의 주요 원인이 된다. 빗물이 작은 개울에 더해지고, 비탈길을 따라 강에 합류하면서 강은 더 세차고 더 빠르게 흐른다. 이로써 부서진 암석 조각을 운반할 수 있는 중요한 흐름이 생겨나고, 암석 조각들은 강바닥에 부딪히면서 새로운 암석 조각으로 분리된다. 강은 산을 깎아내고, 이 침식작용으로 생긴 잔해는 모두 산 아래쪽으로 흘러내려 간다. 산비탈에 이르러 경사가 완만해지면 그 잔해는 쌓인다. 산사태로

는 퇴적물 운반이 비교적 어렵기 때문에 영향이 크지 않다.

이동성이 떨어지는 거친 파편은 산기슭에 퇴적되는 반면에, 미세한 입자들은 대륙 평원, 심지어는 바다까지 여행을 계속한다. 대륙으로 흐르는 물은 암석과 화학적으로 반응하여 암석을 분해할 수도 있다. 대기 중 이산화탄소를 저장함으로써 물은 산성화되고 석회암을 녹일 수 있다. 이것이 바로 물에 의한 석회질 토지의 표면 침식이다.

울퉁불퉁한 지형은 모든 형태의 바람과 물의 빠른 침식작용의 영향을 받아 영구적으로 변형된다. 높은 고도의 빙하는 실제 굴착기처럼 작용한다. 낮은 고도에서는 강이 지형 침식의 주요 원인이다.

또한 산성을 띠는 물은 물의 양이온을 양성자로 대체하여 점토를 형성하거나 규산염 암석을 분해할 수 있다. 일반적으로 물은 암석에 기계적 또는 화학적으로 작용해서 변화된 생성물(입자나 용해된 물질)을 운반한다. 따라서 침식은 산 정상에서 평지로 물질을 다시 재분배하는 과정이라고 할 수 있다.

침식과 지각 변동이 같이 일어나면?

침식당하는 대륙들은 점성이 높은 맨틀 위에 떠 있는 화물로 가득 찬 배와 비슷하다. 지형이 침식되는 것은 배에서 짐을 내려 선체 하중을 줄이는 것에 비유할 수 있는

데, 즉 지각의 밀도를 조정하는 지각 평형으로 흘수선을 상승시키는 것이다. 또한, 주요 지각 단층의 움직임은 지각 판을 밀어 올려 더 깊은 곳의 암석을 표면으로 가져오는 역할을 한다. 따라서 생성된 지 얼마 되지 않은 산 정상은 끊임없이 새로워진다.

지질학자들은 인회석이나 지르콘 같은 광물의 중심부에 숨겨져 있던 이 메커니즘에 대한 작은 단서를 발견했다. 이 광물은 결정체에 균열을 일으키는 우라늄 같은 방사성 원소를 아주 조금 갖고 있다. 광물은 뜨거워지면 균열이 빨리 사라진다. 그러나 산맥 사이로 올라오던 결정체는 표면에 가까워지면 냉각된다. 일정 온도 이하에서는 균열이 사라지지 않기 때문에, 우라늄이 붕괴하면서 광물은 점점 더 손상된다.

이 균열의 밀도를 계산하면 지르콘이 수십 km 깊이에 있는 200도 선을 넘은 순간으로부터 시간이 얼마나 흘렀는지 알 수 있다. 열 연대기라고 불리는 이 방법으로 보통 연간 수 mm 정도의 암석 상승 속도를 알 수 있다. 전체 구조적으로 융기가 일어난 정도만큼 침식이 이루어지면, 산의 평균 고도는 더 변하지 않는다. 이 것이 지각 균형이다. 이러한 균형에 도달한 것으로 보이는 예로, 빠르게 상승하는 타이완의 대산괴가 있다.

지각 변동과 침식 사이의 상호작용은 복잡하고, 이들 사이의 균형은 기후를 포함한 다양한 요인에 의해 쉽게 깨질 수 있다. 실제로 기후는 대부분의 기계적 침식 과정을 제어하는데, 예를 들어 빙하의 범위나 강에 공급되는 강우량을 조절한다. 또 기후는 화학적 풍화 작용에도 영향을 준다. 따뜻한 물에 노출된 암석은 강하고 빠르게 반응할 가능성이 더 크기 때문이다. 따라서 갑작스럽게 찾

침식당하는 대륙은 점성이 높은 맨틀 위에 떠 있는 화물로 가득 찬 배와 비슷하다. 지형이 침식된다는 것은 배에서 짐을 내려 선체 하중을 줄이는 것으로, 즉 흘수선을 상승시키는 것이다.

아오는 건조 기후는 침식 속도를 줄어들게 할 수 있다. 그러면 지각 변동이 다시 활발해지면서 새로운 평형 상태에 도달할 때까지 지형은 다시 높아진다. 단, 암석의 화학적 성질이나 역학적 저항에 따라 물에 의한 침식에 다르게 반응한다는 점은 알아 두어야 한다.

따라서 침식이 일어나기 어려운 산은 굴곡이 심하고, 급격한 기후 변화에 대응하는 데 오랜 시간이 걸려 수십만 년 또는 수백만 년에 걸쳐 형태를 계속 바꾼다. 그런데 우리 눈에는 산 지형이 많아지는 것이 연속적으로 꾸준히 일어나는 현상이 아니라, 큰 지진 때문에 지구가 불규칙하게 흔들리는 것처럼 보인다.

실제로 대표적인 큰 지진들 모두 산을 위로 밀어 올리는 단층에서 몇 m 정도 미끄러지면서 발생했다. 예를 들어, 2015년 4월에 네팔에서 진도 7.8의 고르카 지진이 발생했을 때 히말라야산맥 일부가 약 20cm 상승했다. 이 지진의 격렬한 진동으로 진앙에서 최대 100km 떨어진 곳에서 25,000건 이상의 산사태가 일어났다. 따라서 이 지진이 침식 지형의 증가를 가져왔는지 아니면 단순한

지각 평형

과하게 많은 지각 질량은 그 질량만큼 깊이로 동일하게 유지된다는 원리다. 이 원리는 배에서 작용하는 아르키메데스 부력과 같다. 짐을 실으면 배가 가라앉고 잠긴 부분의 질량이 증가한다. 지각 위에 산이 있으면, 지각은 점성이 높은 맨틀 속으로 가라앉고 대륙의 지각 뿌리는 산 자체보다 훨씬 더 깊어진다. 그러므로 실제로 우리가 산이라고 부르는 것은 훨씬 더 큰 덩어리에서 눈에 보이는 일부분일 뿐이다.

파괴로 이어졌는지를 알기는 쉽지 않다.

보다 일반적으로, 많은 연구자들은 격렬한 지진으로 지각 융기가 나타날 때 이것을 느리고 지속적인 과정으로 표현하는 것이 정말 적절한지 의구심을 느끼고 있다. 이 질문은 침식 과정에도 적용된다. 실제로, 서서히 일어나는 산의 침식에는 홍수나 산사태처럼 드물긴 하지만 격렬한 어떤 사건이 반영되었을 가능성이 있다.

대륙 조각가

오늘날 우리는 기후가 지각 변동에 영향을 줄 수 있다는 것을 알고 있다. 최근 모델링 작업을 살펴보면 주요 대륙 단층은 앞에서 보았듯, 부분적으로는 기후 조건에 좌우되는 침식 강도의 영향을 받아 형성된다. 일반적으로, 지반이 침식되면 충돌하는 두 대륙판 사이에 형성될 수 있는 주요 단층의 경우는 제한적이다. 단층 위로 미끄러지는 경우와 지각 판을 밀어 올리는 경우, 이렇게 두 과정으로 나뉜다. 이 두 과정은 에너지를 필요로 하는데, 지각 판이 움직이면서 대륙이 그 에너지를 받게 된다. 침식의 강도가 세지면 오히려 울퉁불퉁한 지형의 증가세가 완만해지고, 그에 따라 에너지 소모도 줄어든다. 그 덕분에 남은 에너지는 주로 몇몇의 오래되고 커다란 단층 위로 미끄러지는 데 사용되기도 한다.

이제 지각 변동이 다양한 방식으로 기후에 영향을 미친다는 것이 분명해졌다. 예를 들어 대륙의 위치는 태양열을 지구 각지로 분산시키는 해류의 흐름을 제한한다. 약 3천만 년 전, 남아메리카와 남극 대륙 사이에 드레이크해협이 생겨나면서 남극 전체에 해류가 형성되어 대서양, 태평양 그리고 인도양의 따뜻한 물과 분리되었다. 이로 인해 남극은 냉각되고 영구적으로 얼어붙었다.

인도판과 유라시아판이 충돌하면서 5천만 년 전에 형성되기 시작한 히말라야산맥 역시 오늘날 우리가 겪고 있는 기후를 형성하는 데 영향을 미쳤다. 침식 지형이 증가하면서 실제로 많은 양의 규산염 암석이 지면 위에 노출되었고, 물과 접촉하여 화학적 성질이 변하면서 대기 중 탄소를 광물화했다. 다시 말해 이산화탄소를 공기 중에서 제거한 것

이제 지각 변동이 다양한 방식으로 기후에 영향을 미친다는 것이 분명해졌다. 예를 들어 대륙의 위치는 태양열을 지구 각지로 분산시키는 해류의 흐름을 제한한다.

인류세 人類世, Anthropocene

인류세는 지구 지질 역사에서 현재 시기를 가리키는 말로, 기후나 전체 환경 변화의 중요한 원인이 된 인간 활동으로 만들어진 시기이다.

이다. 이런 식으로 온실가스가 조금씩 줄어들면서 대기는 수천만 년 동안 약 10도 정도 냉각되었다.

이 변화는 포유류와 꽃을 피우는 식물 시대로의 전환을 가져오면서 지구 생물권에 커다란 변화를 일으켰다. 이 몇 가지 예는 기후, 대륙 표면, 그리고 거기에 서식하는 생물 사이의 많은 상호 연관성을 잘 보여 준다. 이들은 오늘날 생물지구과학의 교차점에 있는 새로운 다른 학문 분야들의 연구 대상이 되었다. 이 연구의 영향력은 중요하다. 인간 활동이 기후를 심각하게 교란하고 있는 지금, 활발히 논의되고 있는 '인류세'의 시작점에서, 인간 문명이 지구 표면에 어떤 흔적을 남길지 스스로 물어야 한다.

5

판이라는 퍼즐로 맞춰진
해저 세계

해저는 지구 면적의 70%를 덮고 있지만,

화성 표면보다도 덜 알려져 있다.

해양판은 대륙이 갈라지면서 시작되었다.

그리고 해저 산맥을 따라 단층과 마그마가 형성되었다.

대륙판에 비해 상대적으로 수명이 짧은 해양판은

자신을 떠받치고 있는 맨틀보다 밀도가 높아질 때까지

계속 냉각되다가 마침내는 지구 깊숙한 곳으로 가라앉았다.

해저 풍경은 판 구조론의 핵심인

이 격렬했던 과정을 잘 보여 주고 있다.

해양 지각과 대륙 지각의
또 다른 자아

이상한 행성에 온 것을 환영한다!
울퉁불퉁하고 길게 펼쳐진 지형이
있는 회색 행성에는 화산 줄기가
수만 km 뻗어 있고, 장엄한 산봉우리와 어두운 간헐천이 있다. 이
것은 바로 마법을 이용해 바다를 증발시켜서 지표면의 70%가 드
러났을 때 우리가 보게 될 지구의 모습이다. 놀랍도록 규칙적인 배
열을 통해 지구의 내부 활동을 보여 주는 독특한 풍경들이 나타날
것이다.

우리는 이제 매우 정밀하게 해저 지도를 그릴 수 있는 기술적
수단을 갖추었다. 가장 일반적으로 사용되는 기술은 연구 선박에
탑재된 음파 탐지기이다. 여기에서 나온 음파는 해저에 부딪혀 반
사되는데, 수심이 얕으면 더 빨리 선박으로 되돌아온다. 이 음파로
선상 컴퓨터는 수 km 너비의 배의 궤적을 따라 해저 지형의 이미

음파 탐지기 Sonar

음파 탐지기는 Sound Navigation Ranging의 약자로, 수중 물체를 탐
지할 수 있는 초음파 감지 시스템이다. 공중에 떠 있는 레이더를 수중에
서 사용할 수 있게 만든 것으로, 공중에서 사용하는 레이더와 차이점이
있다면 음향 측심기는 전자기파가 아닌 초음파를 사용한다는 것이다.
전자기파는 물속에서 몇 m 이상 전파되지 않기 때문이다.

지를 재구성한다. 배는 광활한 지역을 빠짐없이 조사하기 위해 수많은 바닷길을 왕복하면서 해상도가 수백 m에 가까운 지도를 만든다. 하지만 음파 탐지기는 부분적인 이미지만 만들기 때문에 해상도를 높이려면 바닥에 접근해야 한다.

최근 몇 년 동안 과학자들은 원격 제어 또는 무인 잠수함에 음파 탐지기를 설치하는 데 성공했다. 또한 수십 m 상공에서 비행할 수 있는 드론을 이용해 m단위의 지도를 만들 수 있게 되었다. 이 덕분에 구글 어스로 보는 것보다 더 상세하게 대서양 바닥의 특정 암석을 시각화하는 것이 가능해졌다. 그러나 이 임무에 드는 비용 (하루에 약 수만 유로) 때문에, 실제로 해저 대부분은 다음 장에서 설명할 위성 기술을 이용해 km 단위 해상도인 이미지로만 볼 수 있다. 이에 반해 화성의 표면은 m 단위로 정확하게 지도화할 수 있다는 면에서, 인류는 지구의 해저보다 화성의 표면을 더 잘 알고 있는 셈이다.

해저 지형은 오랜 역사의 증인이다. 우리는 해양학적 조사를 통해 이를 조금씩 알아가고 있다. 프랑스 국립해양개발연구소 IFREMER가 보유한 푸르쿠아 파Pourquoi Pas와 같은 대형 탐사선은 해저 관측을 수행하기 위한 다양한 등급의 잠수함을 갖추고 있다. 원격 조정 장비 ROV(Remotely Operated Vehicles)는 관찰한 내용을 통제 관측소에 실시간으로 전송하는 '줄'로 선박과 연결되어 있다. 프랑스 잠수정 노틸Nautile이나 미국 잠수정 앨빈Alvin과 같은 심해

유인 잠수정 HOV(Human Occupied Vehicles)는 조종사 두 명과 과학자 한 명을 태우고 최대 6,000m 깊이까지 이동할 수 있는 티타늄 구체다.

해양 탐사선은 항구를 떠나서 첫 수백 km까지는 수심이 100m인 광대한 고원을 건너게 된다. 두꺼운 퇴적물 더미 아래에서 지구의 지각은 아직 전형적인 '대륙', 즉 화강암 조성으로 되어 있으며 상대적으로 가볍다(1m³의 무게는 2,700kg이다). 지각은 여러 단층으로 구분되어 있는데, 마치 책꽂이에 서로 기대어 꽂힌 책들이 미끄러지듯이 위아래로 나뉘어 기울어져 있다. 이러한 단층은 리프팅, 즉 해저 확장의 시작을 나타내는 대륙 지각의 벌어진 부분을 보여 준다.

대서양의 경우 이 현상은 약 2억 년 전으로 거슬러 올라가며, 초대륙 판게아의 분리를 가져왔다. 그 당시 판게아는 하나의 바다

탐사선 푸르쿠아 파 Pourquoi pas

탐사선 푸르쿠아 파 I, II, III 및 IV는 프랑스의 유명한 항해사이자 탐험가, 해양학자인 샤르코(1867~1936)의 극지 탐험을 위해 만들어진 네 척의 선박이다. 그는 1936년 아이슬란드 연안에서 선박 난파 사고로 목숨을 잃었다. 이 선박들을 기리고자 2005년에 프랑스 국립해양개발연구소와 프랑스 해군수로청SHOM 해양 탐사선에 다시 이름 붙여졌다.

인 판탈라사로 둘러싸여 있었다. 맨틀이 움직이면서 생기는 장력 때문에 대륙 지각은 여러 개의 기울어진 덩어리로 나누어지고, 그 두께는 부드럽게 늘어난 캐러멜처럼 얇아진다. 그러면 대륙 지각은 완전히 끊어져서 스페인 연안처럼 맨틀이 퇴적물 아래까지 떠오르는 곳이 만들어지기도 한다.

맨틀이 위로 떠오르면서 암석 일부분이 녹아 마그마가 생성된다. 마그마는 표면으로 이동하여 결정화되고, 이것은 새로운 '해양' 지각을 형성하면서 대륙 지각까지 대체한다. 배에 화물을 실으면 흘수선만큼 물속으로 가라앉는 것처럼, 밀도가 높은 해양 지각(3,000kg/m³)은 철과 마그네슘이 풍부할수록 맨틀에 더 많은 무게를 가한다. 따라서 대륙보다 더 깊이 가라앉는다. 이것이 바로 해저가 육지보다 고도가 낮은 이유이며, 그래서 심해저에 도달하기 위해서는 수직으로 3km 이상을 이동해야 한다.

심해저 Abyss

심해저라는 단어는 '바닥이 없는, 엄청난 깊이'를 뜻하는 고대 그리스어 ábyssos에서 유래했다. 심해저는 수심 3,000m를 넘는 바다의 매우 깊은 지역을 의미한다. 복수형의 형태로 많이 사용되며, 지구의 3분의 2를 차지한다. 단수형으로 사용하면 오늘날 가장 깊은 해저로 알려진 마리아나 해구와 같이 11,000m 깊이에 있는 극한 깊이의 지점을 가리킨다.

**언덕, 계곡 및
심해저의 균열**

그렇게 몇 시간을 잠수하고 나면, 우리 눈앞에 심해저 평원이 펼쳐진다. 사실 평원이라기보다는 매우 긴 언덕들로 이루어진 광대한 들판인데, 이 언덕들은 퇴적물로 채워진 직선형 분지로 분리되어 있다. 이 독특한 구조는 모든 바다에서 발견되며 지구 표면의 60%를 덮고 있다.

2차 세계 대전을 거치며 너도나도 해저 지도를 만들면서 20세기 중반에는 심해저 평원에 대해 알게 되었다. 태평양 심해저 평원은 높이와 폭이 각각 1km와 10km에 달하는 대서양 심해저 평원보다 높이는 10배 낮고 폭은 최대 5배 더 좁다. 오늘날 해양학자들은 특히 심해에서 대규모로 나타나는 이 울퉁불퉁한 지형에 흥미를 갖고 있는데, 깊은 바닷물이 평원에 부딪히며 섞이면서 전체 심해 해류에 영향을 미치기 때문이다.

우리의 여정은 심해저 평원을 넘어 계속된다. 하와이 화산처럼 생긴 수많은 화산이 해저를 뒤덮고 있어서 심해저 평원의 단조로움과 규칙적인 구조를 깨뜨린다. 이 화산은 맨틀이 비정상적으로 뜨거운 지역에서, 때로는 태평양판의 중앙에서 지각 판이 녹을 때 가장 많이 형성된다. 심해저 평원에서 수백 km를 더 이동하면 바닥 깊이가 해발 5,000m에서 2,000m까지 조금씩 올라오기 시작한다. 퇴적층 덮개가 얇아지면서 해저의 특성인 현무암이 드러난다. 그렇게 우리 앞에 갑자기 바위 능선이 나타난다. 이것은 약

10km 너비의 긴 계곡이다. '축에 위치한' 계곡에서 우리는 최근에 냉각된 용암 흐름을 발견한다. 그와 동시에 수많은 지진을 감지한다. 지렁이, 새우 및 기타 알비노 게가 서식하는 유황 더미로 이루어진 굴뚝 여기저기에서 300도 이상의 검은 연기가 분출한다.

우리 앞에 갑자기 바위 능선이 나타난다. [...] 우리는 최근에 냉각된 용암 흐름을 발견한다. 그와 동시에 수많은 지진을 감지한다. 유황 더미로 만든 굴뚝에서 300도 이상의 검은 연기가 분출한다. 우리는 해령에 도달했다….

이제 서로 멀어지는 두 지각 판 사이의 경계면을 나타내는 끝없는 해령에 도달하게 된다. 예를 들어 유라시아판과 북아메리카판은 대서양 중앙 해령에서 매년 2cm씩 멀어진다. 동태평양 해령에서는 최대 연간 15cm의 더 빠른 속도로 남아메리카와 접한 나스카판과 거대한 태평양판이 분리된다. 이렇게 분리될 때 하부 맨틀이 같이 상승하는데, 부분적으로 용융이 일어나 지속해서 해령에 마그마를 공급한다. 따라서 해령은 사실상 현무암 지각을 생산하는 공장이다.

마그마는 해저 수 km 아래의 좁은 주머니 안에 있다. 주기적으로 판이 분리되면서 이 마그마 주머니에 구멍이 생기고, 그 틈으로 마그마가 나와 축에 위치한 계곡 바닥을 따라 용암으로 흘러내린다. 지진과 지진이 유발하는 지반 변형을 통해 이러한 사건을 감지할 수 있는 몇 개의 해저 관측소가 있다.

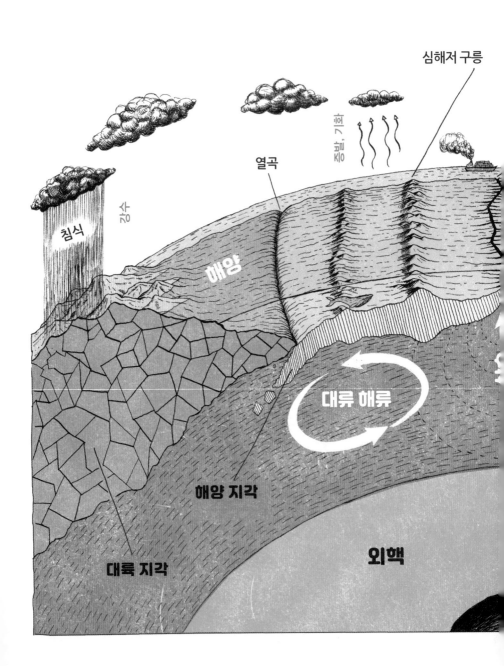

심해저 구릉

열곡

증발, 기화

강수

침식

해양

대류 해류

해양 지각

외핵

대륙 지각

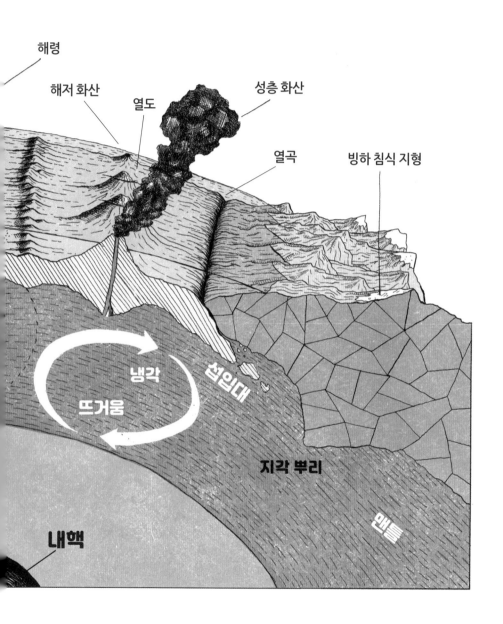

해령

해저 화산

열도

성층 화산

열곡

빙하 침식 지형

냉각

뜨거움

섭입대

지각 뿌리

맨틀

내핵

2015년 4월에 지구물리학 데이터를 전송하는 광섬유 케이블을 사용하여 미국 북서부 해안에 있는 후안데푸카 해령의 분화를 실시간으로 처음 추적할 수 있었다. 해령의 화산 활동은 주변 암석과 화학적으로 반응하지 않고 지각의 균열에 침투한 해수를 가열하고 순환시키는 효과가 있다. 그리고 그 해수는 뜨거운 산성물과 금속을 함유한 열수구에서 검은 연기로 분출된다. 이러한 유체 순환은 새로 생성된 해양 지각에 수분을 공급하고 냉각시킨다. 따라서 우리는 해령의 양쪽에서 차갑고 단단하고 부서지기 쉬운 암석으로 이루어진 새로운 지각 판 조각이 형성되는 것을 목격할 수 있다.

마그마가 두 판 사이의 간격으로 생겨난 공간 일부를 메울 수는 있지만, 해저에 생기는 균열을 모두 메우기에는 충분하지 않다. 마그마 활동은 마치 두 개의 높은 절벽처럼 축을 이루고 있는 계곡을 경계로 긴 직선 단층을 형성한다. 이 단층은 현무암 바닥 전체를 자르고, 들어 올리고, 비틀어내면서 심해저 구릉을 만든다. 대서양 중앙 해령을 따라 단층은 판 사이 간격의 많은 부분(20~50%)을 메운다. 따라서 마그마 활동이 더 격렬하고 지각 변동 폭이 크지 않은(5% 미만) 동태평양 해령보다 더 울퉁불퉁한 지형을 형성한다.

이것은 앞서 언급한 대서양과 태평양 해저의 구조 차이를 설명해 준다. 각각의 위치별로 해저는 해령의 축에 수직인 매우 긴 단층에 의해 잘린다. 변환 단층이라고 불리는 이러한 단층은 우리 행성을 십자형으로 가로지르는 65,000km의 해령을 나누고 해양판의 이동 방향을 나타낸다.

**끝나지 않은 이야기,
바다의 소멸과 탄생**

오늘날에도 해령에서 특이한 지형이 계속 발견되고 있다. 약 20년 전, 해저 지도 제작의 발전으로 우리는 거대한 둥근 산을 찾아낼 수 있게 되었다. 아틀란티스 혹은 고질라 같은 이국적인 이름을 가진 이 지형은 거대한 단층의 침하로 발견된 맨틀 덩어리이다.

맨틀 암석이 바닷물과 닿으면 이전에는 볼 수 없었던 열수 반응이 일어나서 수소의 원천이 되고, 생명체의 필수 성분인 복잡한 탄소 분자의 조립에 도움이 되는 환경이 만들어진다. 그 대표적인 예가 현재 토성의 위성이자 잃어버린 도시라고 불리는 엔셀라두스에 존재할 것으로 추정되는 열수구다. 이 같은 면에서 해저는 우리에게 우주 탐사에 관한 영감을 준다.

축을 이루는 계곡을 지나 계곡 반대편 바다에 도달하면, 새로운 지각 판 조각은 자신이 생겨난 축 방향 계곡에서 멀어지면서 냉각된다. 1,000만 년 전에 형성된 해양판 아래로 약 30km 깊이까지는 암석이 냉각되고 잘 부서진다. 해저 확장 속도가 빠른 태평양에서는 이런 암석 파편이 해령에서 700km 떨어진 곳까지 이동했다. 해령에서 수천 km 떨어진 해저 위를 대략적으로 살펴보자면, 8,000만 년 이상된 해양판은 너무 차갑고 밀도가 높아 5,000m 깊이까지 가라앉아 있다. 오래된 해양판이 무거운 이유는 이 때문으로 보인다. 해저 수렴 경계는 해양판의 가장 오래된 부분이 대륙이나 다른 더 젊은 해양판 아래로 가라앉을 때 시작된다. 섭입이라고 칭하는 이 과정은 남아 있는 해저를 맨틀 깊숙한 곳으로 끌어당긴다.

해양판의 기대 수명은 1억 8,000만 년을 초과하지 않는다. 왜냐하면 쥐라기 시대 이전에 형성된 해양판 조각은 남아 있지 않기 때문이다. 맨틀 속으로 가라앉아 '소멸하는' 해양판은 태어날 때와 물속에 있는 동안 저장한 물의 상당 부분을 해양판 밖으로 방출한다. 이 물은 주변 맨틀을 녹이는 데 도움이 되며, 이에 따라 마그마가 생성된다. 바로 이 마그마가 해양판과 겹치는 판에서 상승하여 새로운 대륙을 만든다. 그리고 이 대륙은 갈라져 언젠가 새로운 대양이 열리게 될 길을 만들게 된다. 지각 판의 미래는 해저에 새겨진 이야기를 이해할 수 있는 사람들이 깊이 생각하게 두고, 우리는 이제 지구 이야기로 넘어가 보자.

해저 수렴 경계는 해양판의 가장 오래된 부분이 대륙이나 다른 더 젊은 해양판 아래로 가라앉을 때 시작된다. 섭입이라고 칭하는 이 과정은 남아 있는 해저를 맨틀 깊숙한 곳으로 끌어당긴다.

6

움직이는
지구 관찰하기

우주 시대를 맞이하면서 우리는 인공위성을 통해

지구를 자세히 살펴볼 수 있게 되었다. 처음에는 우주에서 찍은

몇 장의 사진으로만 지구를 대략적으로 볼 수 있었다.

그래서 우주에서 지구 핵심부를 조사하기 위한 기술을 개발했다.

오늘날 우리는 지구를 촬영해서 인류의 이동을 살펴보거나

계절이 지구의 색에 미치는 영향을 추적하고, 지각 변동과 몬순(대륙과

해양의 열용량 차이에 의한 차등 가열과 지구 자전 효과로 계절에 따라 바람 방향이 바뀌는

현상이다─옮긴이) 또는 빙하가 녹으면서 지구가 변형되는 것을

관찰할 수 있다.

지구는 공중으로 발사된 고무공처럼 움직이고, 갈라지고, 뒤틀리고,

튀어 오르고 있으며, 우리는 이러한 움직임을 위성으로 관찰한다.

토포그래피 topographie

그리스어 'topos(범주)', 'lieu(장소)', 'graphein(표기)'에서 유래한 토포그래피는 지형이나 수로 같은 자연적인 것이든 건물이나 도로 같은 인위적인 것이든 지상에서 볼 수 있는 형태나 세부 사항을 평면이나 지도에서 측정하고 표현한 것을 말한다. 그런데 이 언어가 잘못 사용되면서 토포그래피를 지구의 지형 형태로 부르게 되었다. 일단 지역의 토포그래피가 설정되면 해당 지역의 모든 지점의 고도를 알 수 있다.

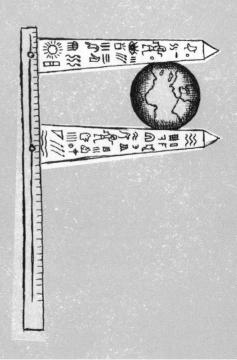

에라토스테네스

에라토스테네스는 기원전 3세기 그리스의 천문학자, 지리학자이자 철학자, 수학자이다. 이집트 파라오 프톨레마이오스 3세의 요청으로 알렉산드리아 도서관 수장으로 임명되었으며, 그의 아들을 가르친 가정교사이기도 했다. 그는 처음으로 지구 둘레(약 40,000km)를 1%의 오차로 정확하게 추정한 것으로 유명하다. 따라서 인류는 지구가 구형이라는 것을 오래전부터 알고 있었다. 하지만 오랜 중세 암흑기 동안 이 지식은 잊혔고, 15세기가 되어서야 2,000년 전에 과학이 밝혀낸 것을 재발견했다.

더 움직이지 마... 1972년 12월, 우주선 아폴로 17호가 달로 향했다. 기내에는 세 명의 우주 비행사와 우주에서 본 지구 전체 모습을 처음으로 촬영할 카메라가 있었다. 이들이 찍은 지구 사진을 블루마블 혹은 푸른 구슬이라고 한다. 덕분에 인간은 자신들이 사는 행성 전체를 한눈에 볼 수 있었다. 지구는 우리에게 열려 있었다. 대륙, 산과 사막, 바다의 색과 그림자를 볼 수 있었고, 대기와 구름과 폭풍도 볼 수 있었다. 이 이미지에서 지구는 둥글고 완벽한 구형이었다. 그 당시에는 아직 대륙을 정확하게 지도로 그릴 수 없었으며 산의 고도나 바다의 깊이를 측정할 수도 없었다. 수십 년 전까지만 해도 지도를 그리고 지형을 측정하려면 토포그래피를 사용하여 현장 측정을 해야 했다. 하지만 우주 관측 덕분에 우리는 그 모든 것을 뛰어넘게 되었다!

지구의 이미지는 자연스럽게 블루마블 사진의 이미지로 고정되어 버렸다. 그러나 지구 표면은 대륙이 이동한다는 판 구조론에 따라 움직이고 갈라지고 뒤틀려 산이 생기고, 바다가 생기고, 육지가 생기고, 지진이 발생한다. 지구 표면은 휘어졌다가 만년설과 비 무게만큼 가라앉기도 하고 다시 올라오기도 한다. 끊임없이 변화하는 것이다.

이러한 변형은 부분적일 수 있어서 몇 km까지만 영향을 미치기도 한다. 스펀지처럼 지하수가 채워지고 빠지면서 발생하는 움직임이 그러한 경우이다. 판 구조론과 관련된 다른 변형의 경우는 수십 또는 수백 km의 넓은 지역에 영향을 미친다. 그 속도는 연속적으로 움직이는 지각 판과 비슷한 연간 1mm에서 큰 지진이 일어났을 때처럼 초당 m까지 다양하다.

우주를 탐험하면서 우리는 점차 고정된 이미지를 뛰어넘어 지구의 모양과 진화를 아주 자세히 알게 되었다. 또한, 대기 관측 방법의 발달과 더불어 '지구의 형태에 관한 연구', 즉 측지학이 시작되었으며 원격 탐사 덕분에 이제 우주에서 이를 수행하게 되었다.

지구는 완전한 구체가 아니다

오벨리스크를 사용하여 우리 행성의 반지름을 결정했던 에라토스테네스 때부터, 줄곧 지구의 미묘한 변화와 모양을 측정하는 것은 우리에게 어려운 도전이었다. 우리 행성은 다른 별과 마찬가지로 서로 다른 질량 사이의 인력을 설명하는 만유인력의 법칙을 따른다. 우리가 땅에 발을 딛고 있는 것은 중력이 우리를 지구의 중심으로 끌어당기기 때문이다. 그래서 위성을 지구 궤도로 발사하기 위해서는 로켓의 추진력이 필요하다. 이 추진력 때문에 위성은 지구 주위를 도는 것이다. 그리고 인공위성 속도 때문에 생긴 관성력은 원심력 효과를 만드는데, 이 원심력과 우리를 지구에 머물게 하는 중력 사이의 균형 때문에 위성은

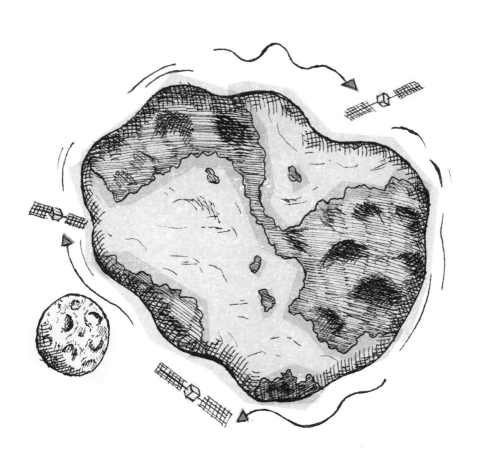

궤도를 유지한다.

지구는 완전한 구체가 아니다. 예를 들어 위성이 비행하는 지역의 지형이나 다소 밀도가 높은 다양한 유형의 암석으로 이루어진 지역은 위성을 끌어당겨 위성의 궤도가 약간씩 오르내리게 한다. 이러한 인공위성의 경로 변화를 정확히 측정함으로써 지구의 모양을 단적으로 드러내는 중력장(질량을 가진 물체가 공간 속에서 다른 질량체에 미치는 중력의 장력을 나타낸다-옮긴이)을 지도화할 수 있게 되었다. 바다의 표면은 '중력의 등전위'라고 불린다. 즉, 지형적으로 많이 울퉁불퉁하기는 하지만 일정한 중력 가속도로 연결되어 있어서 오르락내리락하고 있다는 것을 느끼지 못한 채 바다 표면을 지나갈 수 있다는 것이다.

과학자들은 등전위면의 형태에 특히 관심을 가졌는데, 그것이 우리 행성의 내부 구조에 대해 알려 주기 때문이다. 이 형태는 대류 운동의 직접적인 결과이다. 맨틀의 깊이는 100~2,900km에 이르는데, 밀도가 낮은 암석으로 구성된 맨틀의 상승류는 밀도가 더 높은 하강류에 비해 질량이 부족하다. 이 질량 차가 중력장을 비틀어서 위성을 어느 정도 끌어당기게 되는 원리를 이용해 우주에서 지구 맨틀의 밀도가 다르다는 것을 확인했다.

중력장의 변화는 몇 km에 걸쳐 소규모로 관찰되기도 한다. 밀도가 높은 지각의 암석과 밀도가 높지 않은 대기 사이의 경계면은 선명한 질량 대비를 보이는데, 이를테면 산은 같은 부피의 공기보다 더 무겁다. 이렇게 분명한 질량 차는 중력장을 비틀어 위성을 한쪽으로 치우치게 한다. 바다의 경우도 해저 구릉과 심해 해구가 중력장을 비틀어 바다 표면을 뒤틀리게 한다. 그리고 바다 위에 떠 있는 위성으로 해저의 고도를 측정함으로써 해저에서 움푹 들어간 곳과 튀어나온 곳을 식별하고 해저 산맥, 중앙 해령 그리고 심해 해구를 km 단위의 해상도로 변환하게 되었다. 이것은 현재까지 모든 해양에 있는 해저 지형을 알아낼 수 있는 효과적이면서 유일한 방법이다.

지구 촬영　　　　　　　　대륙 지형은 바다 지형보다 훨씬 더 정확하게 알려져 있다. 최초로 원격 감지를 사용한 측정은 다양한 관점으로 찍은 항공 사진을 통해 이루어졌다. 우리의 눈과 뇌가 3차원 이미지를 재구성하는 데 사용하는 원리를 통해 입체경으로 우리가 비행한 지형을 재구성한 것이다. 이 작업은 이제 우주에서 지구를 촬영하는 위성으로도 가능해졌다. 일부 위성은 비행 중에 이미지를 연속적이고 빠르게 기록한다. 이러한 촬영 간격을 이용해 m 단위의 정확도로 고도를 추출할 수 있다. 픽셀 크기는 지구 전체를 찍는 NASA의 랜드샛 위성처럼 수십 m 단위로, 최신 초고해상도인 CNES(Centre National Space Studies)의 플레이아데스 위성처럼 수십 cm 단위로도 가능하다. 그러나 초고해상도 위성으로도 모든 지역을 관측할 수 있는 것은 아니며 구름으로 인해 특정 지역이 가려져 광학 영상을 사용할 수 없는 경우도 있다.

매우 정밀하고 균일한 방법을 사용하여 지구 전체의 지형을 처음으로 측정한 것은 미국의 우주 왕복선이었다. 셔틀 레이더 토포그래피 미션(SRTM)이라고 불리는 이 탐사에서는 합성 조리개 레이더(SAR) 영상을 사용했다. 이 기술의 기본 원리는 레이더 안테나를 사용해 전자파를 표적에 보내고 수신하는 것이다. 레이더가 움직이면 조리개 합성이라는 신호 처리 기술을 사용하여 이 표적의 이미지를 재구성한다.

한편 위성의 경우 지면을 스캔하여 이미지를 구성한다. 같은 영역을 찍은 두 이미지를 비교하면 서로 다른 매개 변수를 측정할 수 있다. 특히 서로 다른 두 시점을 설정해 이미지를 만들면 수십 cm 단위의 정확도로 고도를 추출할 수 있다. SRTM 탐사 동안 레이더 중 하나는 우주 왕복선 본체에, 다른 하나는 우주 왕복선과 연결된 60m 길이의 안테나 기둥 끝에 배치되었다. 이렇게 생성된 시점 차이로 인해 같은 영역의 두 이미지를 얻을 수 있었으며, 이 이미지의 모든 지점에서 고도를 측정할 수 있었다.

우주 왕복선이 전 세계의 자료를 수집하고, NASA가 이 데이터를 처리함으로써 11일 만에 거의 모든 육지 표면에 대한 최초의 균일한 토포그래피 지도를 만들 수 있었다. 그 후, 2009년에 일본

우주국의 아스터 위성이 근적외선 입체 영상을 입수하면서 지구 지표면의 99%를 나타낸 지도를 완성했다. 이 지도를 통해 누구든지 지구상 모든 지점의 고도를 알 수 있게 되었다. 이전에 토포그래피는 여러 정부와 군에 의해 기밀로 철저히 보호되었던 중요한 데이터였지만, 이제는 발전한 우주 기술 덕분에 모두의 지식이 되었다.

이전에 토포그래피는 여러 정부와 군에 의해 기밀로 철저히 보호되었던 중요한 데이터였지만, 이제는 발전한 우주 기술 덕분에 모두의 지식이 되었다.

지구의 모양이 알려지자, 지구 지표면과 그것을 덮고 있는 것이 무엇이며 구성 물질이 무엇인지 알아내기 위해 유럽 우주국(European Space Agency, 2002-2012)의 앤비셋과 같은 일부 위성은 다중 분광계라는 장비를 탑재했다. 이 장비는 디지털카메라와 비슷하게 작동하지만, 우리 눈에 보이는 가시광선 외에 빛을 분해해서 다양한 파장, 다시 말해 자외선부터 적외선까지 다양한 색깔로 기록한다. 그렇게 해서 나타난 서로 다른 색상의 조합은 촬영한 지표면의 특성과 일치한다.

예를 들어 정규식생지수인 NDVI(Normalized Difference Vegetation Index)는 식물의 유무 및 밀도를 측정한 것이다. 식물은 붉은빛을 흡수하기 때문에 녹색이다. 또한, 세포 구조는 적외선을 반사한다. 자외선 및 적외선 위성으로 측정한 진폭 차이는 우주에서 본 지구의 식생 밀도를 나타낸다. 유사한 방식으로 습지, 모래 지역, 다양한 암석으로 덮인 지역 등을 식별할 수 있어 지표면을 지도로 제작하는 것이 가능하다.

지표면 외에도 위성 데이터는 지각의 구조를 조사하고 산의 형성이나 지진 활동과 관련된 특정 메커니즘을 이해하도록 도와주었다. 위성으로 측정한 중력장의 작은 위치 변화를 지형에 따라 수정하면, 초과되거나 부족한 질량을 심층적으로 구별할 수 있다.

이러한 변화들을 통해 지각 균형의 원리에 따라 정해지는 산 내부의 물질을 관찰하거나, 지각 판이 자신의 무게에 따라 어떻게 휘어지는지 연구할 수 있다. 광학 위성 영상은 1970년대 말부터 전 세계적으로 주요 지각 단층을 지도로 제작하는 데 쓰였다. 예를 들어 아시아 최초의 지진 단층 지도는 랜드샛 위성으로 촬영한 사진을 분석하여 만들어졌다. 이 대형 구조를 지도로 제작하면서 대륙 지각 판의 변형, 특히 티베트 고원의 형성에 관해 많은 연구를 시작하게 되었다.

그러나 지구는 변형되고 있다

오늘날 이렇게 지구 궤도를 돌고 있는 여러 위성들이 지구를 자세히 조사하고 있다. 지구의 지형, 바다의 깊이, 큰 활성 단층 및 질량 분포를 알고 분석하게 되었다.

우리는 또한 지구의 표면이 지금껏 변형되어왔다는 것을 알고 있다. 예를 들어 우리의 발아래에 있는 점토질 암석은 큰비가 내리고 나면 물을 흡수하여 부풀어 오르고, 땅이 움직이면 결국 주택은 무너지고 만다. 또 다른 예로 어떤 산은 느린 산사태로 불안정해지거나 가라앉기도 한다. 모든 공간에서 지구는 흔들리고, 부풀어 오르고, 수축하고, 균열이 생긴다. 이러한 지구 표면의 변형은 기하학을 통해 처음으로 측정되었으며, 측정 가능하다고 표시된 고도를 측정하거나 다른 주목할 만한 지점 사이의 시야각을 반복적으로 측정하여 재현하였다. 그러나 원거리 관측으로만 표면의 변형을 효과적으로 측정할 수 있었다.

지각의 움직임이 확인되었다

판 구조론과 관련하여 대륙이 여전히 움직이고 있다는 첫 번째 확인은 우리에게서 아주 멀리 떨어진 은하로부터 왔다. 천체는 망원경으로 관측할 수 있는 빛과 전자기파를 우주의 모든 방향으로 내뿜는다. 초장기선 전파간섭계(VLBI, Very Long Baseline Interferometry)라는 기술을 사용하여 은하에서 지구에 있는 2대의 망원경에 도달하는 빛의 시간차를 통해 두 지점간의 거리를 계산한다. 그러면 망원경 사이의 상대적인 거리를 mm 단위의 정밀도로 얻을 수 있다. 서로 다른 지각 판에 설치한 안테나에서 이것을 여러 번 측정하면, 지각 판이 각자 이동한다는 것을 알 수 있다.

인공 신호와 작고 저렴한 안테나를 가지고도 이와 같은 작업을 수행할 수 있을 것이라는 상상은 빠르게 이루어졌다. 1970년대에 미군은 냉전과 무기 경쟁이라는 상황 속에서 소련에 맞서 탄도 미사일 방어 시스템을 구상했다. GPS(처음에는 군사적 목적으로 사용하기 위해 개발되었다고 한다-옮긴이)라 불리는 이 시스템은 궤도상에 있는 약 30개의 위성을 기반으로 했다. 이들 위성은 위성의 위치와 해당 신호의 방출 시간에 대한 정보가 담긴 전자기 신호를 계속해서 전송했다. 지상에서는 간단한 안테나를 사용하여 이 신호를 저장할 수 있으며 4개 위성의 신호만으로도 안테나의 위치와 시간을 3차원으로 결정할 수 있었다.

이 시스템이 처음 제안되었을 때, 이런 식으로 위치 정보를 얻는 것은 기술적으로 우리가 정복할 수 없을 만큼 어려운 도전이라 여겨졌다. 만약 위성 궤도를 cm 단위로 알 수 있다면, 상대성 이론에 의한 효과를 보정할 수 있다면, 대기 상태를 추정할 수 있다면, 마이크로초 단위로 정확한 시계를 만들어 궤도에 보낼 수 있다면, 그렇다면 가능할 것이다.

오늘날에는 몇 m 떨어진 곳에서 휴대전화의 위치를 찾거나 무인 선박 또는 무인 자동차를 조종하는 것이 가능하다. 몇몇 국가

오늘날에는 몇 m 떨어진 곳에서 휴대전화의 위치를 찾거나, 시간을 결정하거나, 무인 선박이나 무인 자동차를 조종하는 것이 가능하다.

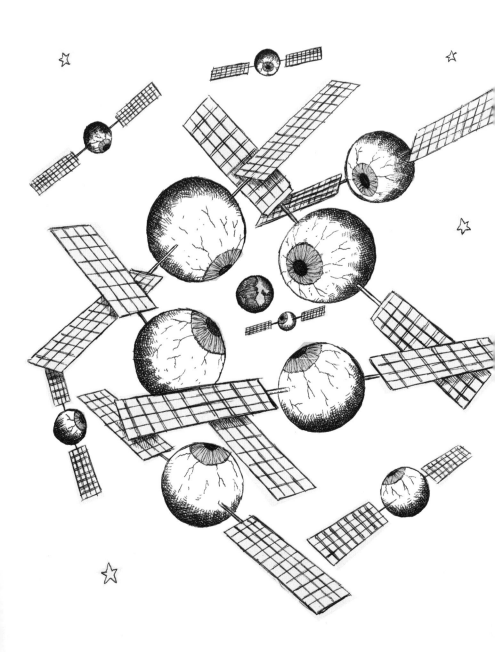

와 국가 연합은 바이두(중국), 글로나스(러시아), 그리고 갈릴레오(유럽 연합)와 같은 동등한 시스템을 구축했다. 복잡한 처리로 mm 단위의 정밀도를 얻을 수 있고, 수천 개의 GPS 관측소가 지표면에 설치되어 지속적으로 그 위치를 기록한다. 변화의 시계열(어떤 관측값이나 통계량의 변화를 시간의 움직임에 따라서 포착하고 이것을 계열화하였을 때, 이와 같은 통계계열을 시계열이라고 한다-옮긴이)을 관찰함으로써 관측소에서 지각 판이 움직이는 속도, 계절에 따른 변화의 변동, 갑작스러운 사건 등을 측정할 수 있다.

이렇게 파악된 변형은 모든 단계에서 볼 수 있다. 관측소를 통해 지각 판의 속도를 측정하고, 다소 좁은 경계도 식별하면서 단단한 지각 판의 표면이 나누어지는 것을 확인할 수 있었다. 예를 들어 북아메리카판의 움직임은 미국 동부의 관측소에서 측정되었다. 덴버에서 서쪽으로 갈수록 측정된 속도에 점차 변화가 있었다. 북아메리카판은 태평양판의 북쪽으로 상승하는 운동으로 연간 약 4cm의 속도로 비틀린다.

다른 판 경계는, 예를 들면 북아나톨리아 단층으로 표시되는 아나톨리아판(튀르키예)과 유라시아판 사이의 경계면처럼 훨씬 더 좁다. 수십 km 안에서 아나톨리아판은 유라시아판에 의해 북쪽으로의 움직임은 고정된 상태에서 아나톨리아 단층대 서부 쪽으로 연간 약 2~3cm 속도로 움직인다. 이러한 속도 변화로 인해 지각이 탄성을 받아 비틀어지는 변형을 일으켰다. 이렇게 생성된 힘은 하나 이상의 지진이 발생하면서 이완된다. 지진으로 인한 지각의 주요 움직임은 m 단위로 GPS 관측소에서 실시간으로 기록할 수 있다. 그러면 글자 그대로 축적된 응력 때문에 지각이 튕겨 나가는 것을 볼 수 있다.

움직이는 지구를 찍다 　지구의 표면을 떠받치는 힘의 영향은 대규모 단위로 측정할 수 있다. 예를 들어 장마철과 같이 비가 오는 계절에는 많은 양의 물이 축적되어 지구 지각에 압력을 가한다. 이로 인해 지표면이 수십 cm에서 수백 km까지 내려간다. 그러다 건기가 돼서 물이 빠지면 지각은 다시 떠오른다. 또한, 겨울철에 물로 가득 찬 지하수 표층은 토양이 몇 cm 정도 부풀어 오르게 한다. 이러한 효과가 모이면 GPS 시계열에 주기적 변화를 가져온다.

　훨씬 더 긴 시간 간격으로 보면, 빙하기와 간빙기의 주기는 전 세계 표면에 만년설을 축적하거나 녹이는 결과를 가져온다. 약 2만 년 전에 거대한 만년설이 북유럽 전체를 덮었으며, 스칸디나비아에는 수 km 두께의 얼음 층이 있었지만 지금은 전부 녹았다. 현재 연간 mm 단위의 속도로 계속해서 지표가 수직 반등하는 것을 측정할 수 있다. 이는 지구 맨틀이 점성을 가지기 때문이며, 시간이 지나면서 지표면에 새로운 제약을 가한다. 수천 년에 걸쳐 만년설이 사라지면서 맨틀은 계속 떠오르고 있다.

이러한 변형들 중 일부는 지구 표면에 상당한 질량이 추가되거나 감소하게 만들 수 있다. 이러한 질량 변화는 중력장을 바꾸게 된다. 그레이스 탐사선의 위대한 업적 중 하나는 지구 중력장의 변화를 10년 동안 측정하고 그 질량을 정량화한 것이다. 그 덕분에 우리는 인도와 방글라데시에 몬순으로 매년 약 200억 톤의 비가 내리고, 미국 서부는 장기간의 가뭄으로 2013년 이후 약 240억 톤의 물이 사라졌다는 것을 알게 되었다.

기회를 포착하다　　　　　　GPS의 가장 큰 문제는 현장에 관측소를 설치해야 한다는 것이다. 대도시 같은 지역은 어려움이 없지만, 티베트 고원처럼 영토가 넓고 접근하기 어려운 지역에서는 아무 곳에나 관측소를 설치할 수 없다. 하지만 위성 영상 기술을 사용하면 10m 정도의 해상도로 전 세계를 관측할 수 있으며, 현장에 직접 가지 않아도 된다. 광학 영상 보정 기능을 통해 m 단위의 변화를 측정할 수 있다.

위성으로 얻은 이미지는 단순한 땅의 사진이다. 지진과 같은 갑작스러운 사건으로 지면에 해 둔 표식이 이동하면, 기존 이미지와 옮겨 간 이미지를 상호 연관 지어 이동 범위를 얻을 수 있다. 따라서 이동 범위는 픽셀 크기의 정확도로(랜드샛 8호는 15m, 플레이아

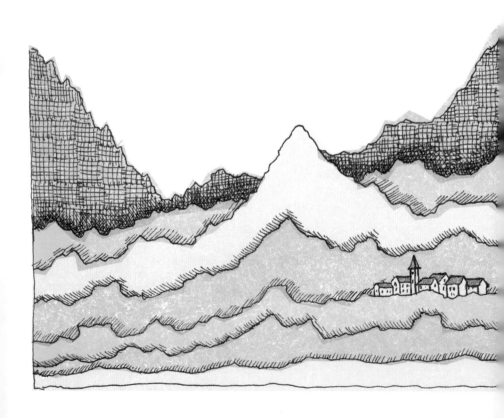

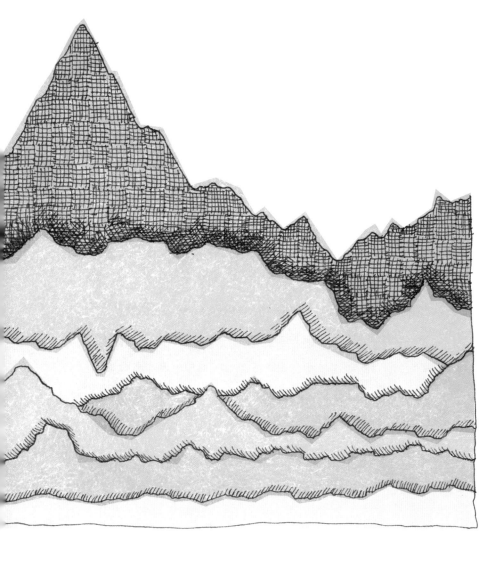

데스는 50cm) 측정할 수 있다. 최근 뉴질랜드(2017년, 규모 7, 8)의 카이코우라 지진이나 튀르키예의 이즈미트(1999년, 규모 7, 6) 같은 지진들이 이러한 방법으로 연구되었다. 이 방법을 통해 표면 단층과 그것의 방향 전환 및 세부 사항을 관찰할 수 있다.

또한, 표식의 바뀐 위치를 관찰하기 위해 앞에서 설명한 레이더의 원리를 사용할 수도 있다. 레이더 영상 보정은 광학 영상 보정과 비슷한 결과를 제공하지만, 정확도를 더 끌어올리기 위해 mm 단위로 움직임을 측정하는 간섭계(동일 광원에서 나오는 빛을 두 갈래 이상으로 나누어 진행경로에 차이가 생기게 한 후 빛이 다시 만났을 때 일어나는 간섭현상을 관찰하는 기구-옮긴이)의 원리를 사용할 수 있다. 몇 년에 걸쳐 얻은 수십 개의 이미지를 분석하면 픽셀 단위의 해상도, 다시 말해 수십 m 정도의 해상도로 지면 변형 필름을 얻을 수 있다.

시계열 형태의 이러한 변형 필름으로 이를테면 로스앤젤레스 분지 아래에 지하수가 채워지거나 감소하는 주기(연간 몇 cm)의 영향 또는 알려지지 않은 지역의 지진 단층을 따라 mm 단위의 작은 산사태를 측정할 수 있다. 작동 중인 10개 이상의 인공위성과 점점 더 접근하기 쉬워진 데이터와 더불어, 1990년대에 ERS 위성과 앤비샛 위성에서 시작된 이 기술 덕분에 오늘날 우리는 측정에 있어 황금시대에 들어섰다.

행성의 엄청난 도전　　　　　이러한 모든 측정 기술은 상호 보완적이다. GPS는 시간당 위치를 mm 단위로 측정할 수 있지만 한 곳에서만 측정할 수 있다. 반면에, 레이더 영상은 위성을 통해 며칠에 한 번씩 위치가 달라진 지도를 얻을 수 있다. 하지만 위치가 너무 크게 바뀌면, m 단위로 레이더 영상을 촬영하고 더는 측정을 하지 않는다. 반면 광학 영상 보정은 차이가 작으면 감지하지 못하기 때문에 촬영도 하지 않는다. 동시에 모든 기술을 사용하면 그다음 해부터 10년 후까지, 대륙 단위에서 10m 단위까지 모든 시공간 단위에서 지각 변형 상태를 알 수 있다.

　그러나 폭발적으로 발전하는 기술과 처리해야 할 데이터의 양 때문에, 우리는 전례 없는 기회와 엄청난 도전에 직면해 있다. 예를 들어 새로운 위성인 센티널은 20년이라는 예정된 운행 시간 동안 하루에 10TB의 데이터를 생성한다. 덕분에 우리는 지구를 탐사하면서 새로운 과학적 문제에 대한 답을 발견하고 이전에는 상상할 수 없었던 현상들을 알아낼 기회를 얻게 되었다. 문제는 이 모든 데이터를 제대로 활용해서 최대한 많은 정보를 얻어야 한다는 것이다. 이제 과학자들이 이 빅데이터 문제를 해결하고 연구 결과를 공유해야 할 때가 왔다. 그래야 우주에서 우리 행성 지구가 존재하는 모습을 볼 수 있다.

　1970년대에서 현재까지, 우리는 아름다운 지구를 연속적으로 촬영한 고화질 필름을 손에 넣었다. 그래서 지구가 표면에 가해지는 중량의 변화에 따라 '숨을 쉬고' 지각 판의 움직임에 반응하여 뒤틀리는 것을 볼 수 있다. 우리는 지표면

> 우리는 우리 행성 지구가 표면에 가해지는 중량의 변화에 따라 '숨을 쉬고' 지각 판의 움직임에 반응하여 뒤틀리는 것을 볼 수 있다.

의 어느 지점에서든 고도를 알 수 있고, 식생피복(침식이 발생할 위험이 있는 지역에 식생을 심어 침식을 방지하는 것-옮긴이) 지역이나 큰 지진 단층을 지도로 그릴 수 있다. 또한 이 방법은 산불의 이동 방향이나 태풍, 지진, 홍수 또는 산사태 같은 자연재해로 인한 피해 지역을 추적할 수 있게 해 준다. 이제 우리의 과제는 아름다운 푸른 지구를 완벽하게 촬영하는 것이다.

7

껍데기를 벗겨 보니,
맨틀

지구의 얇은 표면 아래에는 맨틀이 2,900km의 두께로 뻗어 있다.
지진학의 발전 덕분에, 발굴된 자연 표본을 통해 지각에 둘러싸여
시추로는 접근할 수 없던 부분, 바로 맨틀을 관찰할 수 있게 되었다.
이러한 관찰을 바탕으로 과학자들은 실험실에서 맨틀을 구성하는
결정을 재현하여 거대한 압력의 영향으로 일어난 광물 변형을
확인했다.
지구 내부의 극한 조건에 있는 물질은 빙하와 같이 고체 상태이면서
흐를 수 있는 성질을 가지고 있다. 따라서 대류라고 불리는 커다란 움직임
덕분에 방사능에서 비롯된 열이 깊은 곳에서 표면으로 전달된다.
이 놀라운 순환은 대륙을 움직이며 대부분의 산맥, 가장 큰 화산 그리고
느리지만 강력한 해수면 변화를 일으킨다.

맨틀은 지구 질량의
3분의 2를 차지한다

지각의 평균 두께는 35km지만 티베트 지역 아래에는 80km에 달하는 암석 지각이 있으며, 그 밑에는 지구 질량의 3분의 2를 차지하는 맨틀이 숨어 있다. 지구에 덮개만 남게 된다면 바로 이 맨틀일 것이다. 그러나 여전히 접근하기는 어렵다. 1989년, 핀란드 근처의 콜라반도에서 러시아 과학자들은 가장 깊은 시추공을 뚫었다. 암석 아래로 내려갈 때 증가하는 압력에 관하여 19년 동안 연구한 결과였다. 12,262m까지 가서 멈추었는데, 정말 놀라운 기록이었다! 그러나 맨틀에는 도달하지 못했고, 이는 곧 우리 발아래 약 6,370km에 지구 중심이 있고 우리는 지구 내부를 조사할 수 없다는 것을 말해 주었다.

지질학자들은 세계 이곳저곳에서 숨겨져 있던 은밀한 부분들을 연구하다가 맨틀 조각을 발견했는데, 특히 피레네산맥과 뉴질랜드에서는 화산암의 형태로 발견되었다. 이렇게 지구 내부 활동 연구에 있어서 지표면에서 발견된 샘플을 이용하는 것은 시추보다 더 효과적이다. 맨틀의 암석을 구성하고 있는 가장 풍부한 광물은 감람석으로, 마그네슘 원자 2개, 규소 원자 1개, 산소 원자 4개로 이루어졌고 올리브색을 띤다. 그런데 이 감람석은 깊이 200km에서만 나온다.

과학자들은 맨틀의 더 깊은 곳을 탐구하기 위해, 지표에 남아 있는 지구 내부 물질의 특성을 발견할 수 있는 간접적인 관찰 방법을 개발해야 했다. 암석 밀도에 영향을 주는 중력과 지구의 모양, 그리고 지진 신호를 연구할 필요가 있었다. 재앙적인 쓰나미를 일으킨 2011년 일본 지진과 같은 지진이 발생하면 상당한 에너지가 방출된다. 지구 전체에 24시간 이상 진동으로 변형을 일으키면서 지표면의 이동 범위를 매우 정확하게 측정할 수 있다. 이러한 지진파는 음파가 공기를 통해 전파되듯 암석을 통해 전파되며, 통과하는 물질의 역학적(부분을 이루는 요소가 서로 의존적 관계를 맺고 제약하는 것-옮긴이) 특성에 민감하다. 이러한 측정과 지구물리학 이론이 결합하여 초음파로 지구 내부를 관측하는 것이 가능해졌다. 초음파 영상은 그리 선명하지 않지만, 일부 특징들은 전문가들에게 명확하게 전달되었다.

감람석

이 광물의 이름은 독일의 광물학자이자 지질학자인 한 연구자가 광물이 올리브색을 띤다고 해서 붙인 것이다. 준보석으로 쓰인다. 마그마가 냉각될 때 가장 먼저 결정화되는 광물인 감람석은 지구 맨틀의 주성분이며, 맨틀 내부에 있는 감람암은 감람석과 같은 광물로 이루어진다.

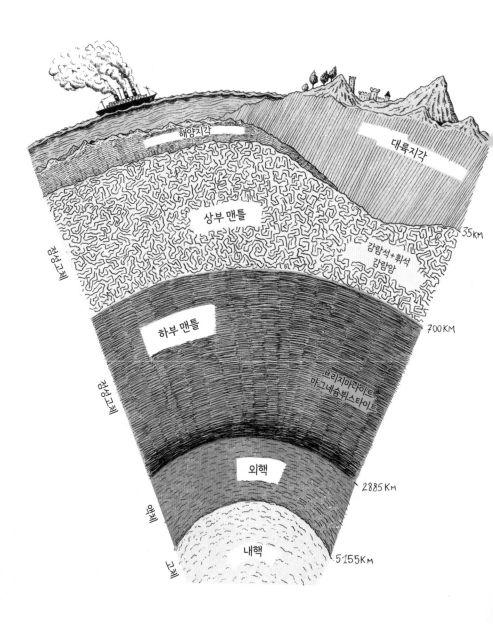

해양지각

대륙지각

상부 맨틀

35KM

감람석+휘석
감람암

하부 맨틀

700KM

브리지마다이트
마그네슘뷔스타이트

외핵

2885KM

내핵

5155KM

점성고체

점성고체

액체

고체

**지구 중심이 아닌
실험실에서 측정**

지진파는 지구 내부로 깊이 들어
갈수록 전파 속도가 점점 더 증가
한다. 특히 지하 410km와 660km
에서 지진파는 급격히 증가하는데, 지진학자들은 이 층을 '지진 불
연속면'이라고 한다. 이러한 관찰 결과를 설명하기 위해 전 세계
의 연구팀은 매우 단단한 모루(공작 재료를 얹어 놓고, 해머로 두드려 가
공하는 대-옮긴이) 사이에 감람석을 놓고 압축했다. 사용된 장치는
1,000톤이 넘는 하중 사이에 수십 mm의 샘플을 넣을 수 있는 다
중 모루 프레스 장치, 또는 훨씬 작긴 하지만 100미크론을 초과하
는 샘플은 사용할 수 없는 다이아몬드 모루였다. 이 기술을 통해
대기압의 수십만 배에 해당하는 압력에 도달할 수 있으며, 정교한
도구를 사용하여 최대 수천 도까지 압력을 가하여 재료를 가열할
수 있다.

이러한 실험을 통해 지구 내부와 같은 극한 조건에서 물
질을 합성할 수 있었다. 그들은 감람석 구조의 중요한 변화가
410~660km 사이의 깊이에 해당하는 압력에서 발생한다는 것을
밝혀냈다. 가장 얕은 불연속면에서 감람석은 갑자기 밀도가 높아
져, 같은 화학적 구조를 가진 새로운 광물인 링우다이트 결정을 형
성한다. 이 강력한 변화는 지구 역사상 기록된 가장 깊은 곳에서
일어난 지진의 원인일 수도 있다. 두 번째 불연속면은 링우다이트
가 불안정한 상태로 변하는 경계와 일치한다. 링우다이트는 두 번

째 불연속면에서 매우 촘촘하고 빽빽한 두 개의 새로운 광물, 즉 규소가 풍부한 브리지마나이트와 마그네슘과 철의 산화물인 마그네슘뷔스타이트로 변형된다. 이러한 변화는 지진파의 급격한 증가를 설명한다.

맨틀 대류

단층 촬영이라고도 불리는, 1980년대 이후 개발된 지진 특수 촬영 기법 덕분에 과학자들은 지각 판 표면을 구성하는 암석이 지구의 맨틀 속으로 가라앉고 있다는 것을 더 정확하게 관찰할 수 있었다. 일부는 핵 근처 2,800km가 넘는 깊이에서도 발견할 수 있었다. 1930년 이래로 과학자들은 맨틀이 움직이고 있다는 가설에 점차 동조하는 분위기였기 때문에 이는 그리 놀라운 일도 아니었다.

맨틀에는 자체 무게로 인해 급격히 떨어지는 차가운 흐름과 상승하는 따뜻한 흐름이 있다. 대기 대류와 맨틀 대류의 기본적인 차이점은 유체가 아니라 고체 암석이 움직이고 변형된다는 사실이다. 500도 이상의 온도에서는 암석이 흐르게 된다. 빙하가 흐르는 것처럼 고체 상태로 흐르는 것이다. 맨틀 암석의 점성은 특히 높으므로, 지구의 맨틀은 지질학적 시간 규모에서 보면 유체처럼 움직일 수 있다.

맨틀의 점도를 결정하는 연구는 빙하기 후 나타난 융기 현상을

맨틀 대류

맨틀 대류는 지구의 맨틀 내부에서 발생하는 물리적 현상이다. 이것은 판구조론에서 필수적인 요소이다. 암석권 맨틀과 바로 아래에 있는 연약권(맨틀 상층부의 단단하지 않은 유동층-옮긴이) 사이에는 현저한 온도 차가 있으며, 이로 인해 차갑고 밀도가 높은 암석권이 따뜻한 연약권으로 하강한다.

포함하여 지표면 여러 곳에서 천천히 나타나는 변형의 징후에 초점을 맞췄다. 현재 캐나다와 스칸디나비아에서는 대륙이 융기하는 것처럼 해안선이 움직이고 있다. 이 현상은 약 20,000년 전에 이 지역에 있었던 마지막 빙하기가 끝난 후 시작되었다. 만년설이 녹으면서 얼어붙은 대륙만큼의 무게가 사라진 것이다. 물위에 떠 있는 코르크 마개를 누르던 손가락을 떼면 그 마개가 위로 떠오르는 것처럼, 캐나다와 스칸디나비아는 맨틀 암석의 점도에 맞춘 속도로 천천히 상승하고 있다. 이 점도는 매우 중요한데, 고체 상태의 광물을 변형하고 이동시키는 데 영향을 주기 때문이다.

맨틀, 움직이는 원자력 발전소

맨틀 대류는 지구 내부의 온도가 올라가면서 일어나는데, 가장 뜨거운 암석은 바닥에 있고 가장 차가운 암석은 표면에 위치하기 때문이다. 이때 중력 상태는 불안정하다. 그래서 복잡하고 혼란스러운 자기 조직화 활동으로 차가운 암석은 가라앉고 뜨거운 암석은 상승하게 되는 것이다. 그러면서 암석은 깊은 곳에서 표면으로 열을 전달한다.

이때 주요 열원은 맨틀 암석에 존재하는 토륨, 칼륨 및 우라늄의 방사능에 의해 생성되는 에너지이다. 맨틀에서 매년 생산되는 방사성 열에너지는 인간이 연간 소비하는 총 에너지의 두 배에 약간 못 미치는 양이다. 하지만 지구의 3분의 2를 움직이기에 충분하다. 따라서 지구의 맨틀은 일종의 열 기계로, 내부 열을 운동 에너지로 변환하고 계속

대륙은 머리카락과 손톱이 자라는 속도처럼 매년 몇 cm씩 움직인다. 해저도 마찬가지이다.

해서 바다 깊은 곳에, 일시적으로는 지진 활동과 지구의 화산 활동을 통해 표면으로 배출한다.

깊은 곳에서 일어나는 이러한 움직임은 지구 표면에서도 관찰할 수 있다. 대륙은 머리카락과 손톱이 자라는 속도처럼 매년 몇 cm씩 움직인다. 해저도 마찬가지이다. 암석에 압력을 작용하고 지진이 일어나게 하는 것은 맨틀 대류를 일으키는 내부 힘이다. 지표면은 쉬지 않고 수십억 년 동안 움직였다. 맨틀 내부 깊은 곳에서 뜨거운 물질이 상승하여 많은 화산이 생성되었다. 이 단단한 흐름이 표면에 닿으면 암석이 녹아 마그마를 생성한다.

하와이나 아이슬란드가 그 대표적인 예이다. 하와이는 그 시작점이 해수면에서 거의 5,000m 아래에 있고, 고도는 4,000m 이상이기 때문에 가장 높은 지형을 형성하고 있다. 그래서 해발 8,807m인 에베레스트산을 넘어선다. 아이슬란드에서는 때때로 화산이 분출해 용암이 빙하까지 닿기도 하고 항공기 운항을 막기도 하는데, 이렇게 분출할 때마다 주변 경치가 바뀐다. 과학자들은 용암 4km 아래에서 거대한 폭발이 일어나면서 지표 환경을 변화시켰다고 믿고 있다. 이같이 거대한 화산 폭발이 다른 지질시대에

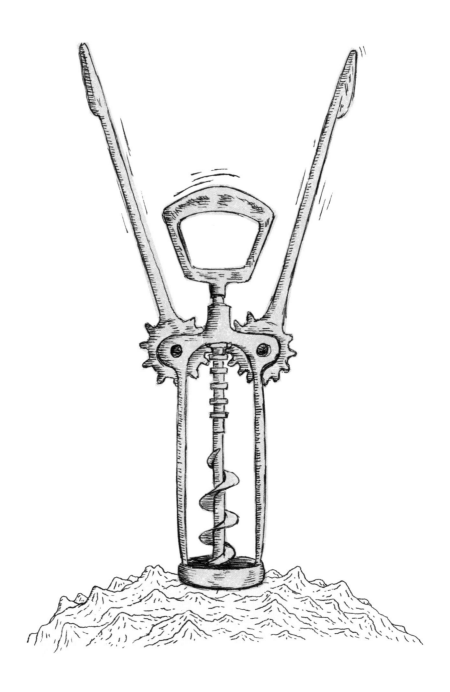

살고 있던 생물의 대량 멸종을 일으켰다고도 한다.

상승하는 토포그래피　　　맨틀의 대류는 지구의 가장 입체감 있는 지형을 생성하는 대표적인 원인이다. 산맥은 대륙이 충돌할 때 형성되며, 수백만 년 동안 지구 내부로 흘러드는 차가운 흐름 쪽에서 형성된다. 차갑고 밀도가 높은 판에 의해 형성된 산맥은 주변 지역을 흡수하고 대륙이 충돌할 때마다 움직인다. 히말라야산맥은 오늘날에도 여전히 압력을 받고 있는데, 특히 인도를 밀어내는 힘은 2015년 4월에 카트만두에서 발생한 지진처럼 고지대에서 파괴적인 지진을 일으키고 있다. 깊은 곳에서 일어나는 맨틀 대류는 지표면을 위로 밀거나 아래로 끌어당긴다. 그 결과 역동적인 토포그래피가 만들어지고, 해수면도 변화한다. 맨틀 대류가 매우 활발해지면 바다는 수심이 얕아지고 대륙이 융기한다. 프랑스 남부의 산호와 조개껍데기가 풍부한 아름다운 절벽 대부분이 지구 내부 역학의 영향으로 물에 잠겼다.

　오늘날 지질학자들은 이러한 지구 현상과 맨틀의 역학 사이에 존재하는 연관성을 이해하기 위한 연구를 계속하고 있다. 또한, 과학자들은 최선을 다해 지구와 관련된 이론을 모델링하여 진전을 이루었다. 그들은 물리적 이론을 기반으로 컴퓨터를 사용하여 날

씨 패턴과 같은 흐름을 설명하는 수학적 해결책을 찾거나, 맨틀 암석의 변형과 유사한 특징을 가지는 복잡한 유체를 이용해 실험실에서 실험한다.

지표면과 지구 내부 사이의 연관성을 이해하면 지구 표면 환경의 변화와 종의 멸종과 우리 행성의 내부 활동 사이의 연관성에 대해 밝힐 수 있을 것이다.

맨틀의 아랫부분도 미스터리로 남아 있다. 지진학자들은 맨틀 하부에서 기존의 맨틀 물질과 화학적 조성이 다른 물질로 이루어진 넓은 잠재적 대륙을 발견했다. 이 잠재적 대륙은 아프리카와 태평양 영역에 해당하는 맨틀 하부에 있다. 따라서 이 지역의 화산에서 나오는 용암에는 잠재적 대륙에서 빠져나왔을 암석에 대한 정보가 포함되어 있다. 지구화학자와 지구물리학자들은 그 대륙이 지구 역사상 아주 초기, 아마도 35억 년 전에 형성되었다고 믿고 있다. 지표면과 지구 내부 사이의 연관성을 이해하면 지구 표면 환경의 변화와 종의 멸종, 우리 행성의 내부 활동 사이의 연관성에 대해 밝힐 수 있을 것이다.

8

지구의 심장,
핵 속으로!

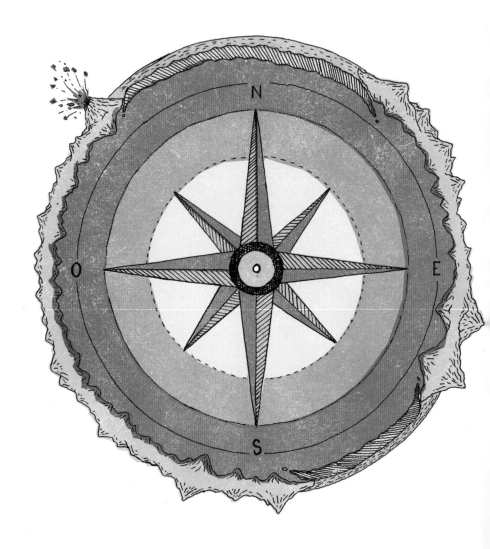

지구의 핵은 지구의 심장이다. 핵은 금속, 주로 철로 이루어져 있다.
핵의 바깥 부분은 끊임없이 움직이고 있는 용융 상태의 깊은 바다이다.
전기가 통하는 도체인 금속으로 이루어졌기 때문에, 이 외핵에서
일어나는 흐름은 마치 발전기처럼 지구 표면에서 관찰되는 전류와
자기장을 생성한다. 지구 핵에 있는 자석 덕분에 고지자기학 전문가들은
지구 자기장의 변화, 특히 극이 역전되는 현상을 재구성할 수 있었다.
현재의 남극은 여러 차례 자기상으로 북극을 띤 적이 있다.
이러한 역전 현상은 물리학 이론과 우수한 컴퓨터 덕분에 재현되었지만,
지표면의 생물 진화에 미치는 영향을 비롯한 많은 것들이
여전히 미스터리로 남아 있다.

지구의 극지방은
평평하다

파리 왕립과학원에서 부게르, 라 콩다민, 쥬시우, 셀시어스, 르모니 에, 모페르튀이 등의 과학자들을 보내 지구의 자오선(천구상에서 관측자를 중심으로 지평면의 남북점, 천정, 천저를 지나는 선-옮긴이) 1도의 길이가 적도 북부와 같은지 측정하게 했다. 그 결과, 우리는 지구 극지방이 평평하다는 것을 알게 되었다. 1737년에 에콰도르와 라플란드에서 탐험을 시작한 이후로 우리는 적도 반경이 극지 반경보다 약 20km 더 크다는 사실 역시 알게 되었다.

이처럼 지구가 납작해진 것은 지구의 자전 때문만은 아니다. 지구의 중심이 표면보다 훨씬 더 밀도가 높아야 지구가 납작한 모양인 이유가 설명된다. 따라서 지구의 모양 자체가 이미 중심에 밀도가 높은 핵이 있다는 사실을 보여 준다. 핵의 금속성 성질은 1600년경에 과학자 윌리엄 길버트에 의해 제안되었다. 그는 지구와 비슷하게 자성을 띠는 구체를 만들어 나침반으로 지구 표면에서 측정할 때 얻게 되는 결과를 시뮬레이션해 보았다. 그에 따르면, 지구 중심에는 거대한 금속 자석이 존재한다.

핵: 완전히 둘러싸인 작은 씨앗

지진 신호를 연구하면서, 과학자들은 이것으로 지구 내부를 탐사할 수 있다는 것을 깨달았다. 지진 후에 찾아오는 강력한 지진파는 빛이 물에서 반사되는 것처럼 지구 다른 층 사이의 경계면에서 반사된다. 그리고 1912년에 최초의 근대 지진학자인 베노 구텐베르크가 지진 후 지반의 진동을 관찰하면서 암석 맨틀과 완전히 다른 지진학적 특성을 가진 핵의 존재를 발견했다. 줄로 연결된 분자로 만들어진 물질을 상상해 보자. 고체 상태에서 분자 사이의 연결은 케이블처럼 강력하다. 줄의 한쪽 끝을 움직이면 그 움직임이 분자에서 분자로 전파된다.

반면에 분자 간의 결합이 더 느슨한 액체 상태에서는 연결 케이블이 존재하지 않기 때문에 이러한 움직임이 전파될 수 없다. 따라서 핵에서 파동의 진행 방향과 파동이 통과하는 물체 입자의 운동 방향이 직각을 이루는 지진파, 즉 S파가 전파되지 않는다는 것은 핵에 용융 물질이 있다는 것으로 해석할 수 있다. 따라서 깊이가 2,900km 이상인 핵은 액체 상태이다. 1936년에 지진학자 잉게 레만의 연구가 이루어지고 나서 5,150km가 넘는 이 액체 바다의 중심에 단단한 핵, 즉 지구의 중심에 작은 씨앗이 있다는 것을 알게 되었다. 지진학적 특성은 그것을 둘러싸고 있는 액체와 매우 유사하지만, S파는 통과할 수 있다.

핵의 화학적 조성에 대한 많은 추측이 있었다. 지구의 외핵은

접근할 수 없으므로, 20세기 전반기에 활동했던 지구화학자들은 다른 행성이나 고대 행성의 내부를 보여 주는 운석에 관심을 가졌다. 운석의 특징은 수소와 헬륨을 제외하고는 화학 조성이 태양과 비슷하다는 것이다. 많은 운석이 주로 산소, 규소, 마그네슘 및 철로 구성되었다. 지구화학자들은 규산염 광물, 그중에서도 특히 감람석과 약 90%의 철로 구성된 금속, 이렇게 매우 다른 두 가지 물질이 여전히 운석에 존재한다는 놀라운 사실을 발견했다. 핵이 철로 이루어져 있다는 가설은 매우 오래전부터 있었다. 지구화학이 발전하면서 지구에서 가장 오래된 운석이 45억 년 전의 우리 지구를 형성한 성분과 같을 가능성이 더 커졌다. 운석의 내부에는 격렬한 충돌으로 만들어진 행성의 흔적이 담겨 있을 것이다.

이렇게 우리 지구의 원시 조성을 참고한 덕분에, 이론 및 실험 작업을 통해 지진학으로 추론한 핵의 속성과 비슷한 물질을 만드는 시도를 할 수 있었다. 1950년대에는 순수 물질(실리콘, 마그네슘, 철, 니켈 등)을 압축하는 데 성공하고, 프랜시스 버치의 초고압에서 물질이 압축되는 방식을 이해하기 위한 이론 연구를 통해 소리의 밀도와 속도 (지진파는 음파의 한 형태이다) 사이의 상관관계도 밝혀졌다. 과학자들은 지진학 및 중력 연구를 통해 지구 내부 소리의 밀도와 속도를 추정할 수 있었기 때문에, 관측한 사실을 실험실 연구와 비교했다. 그들은 밀도가 높고 금속화된 규산염으로 만들어진 핵을 연구하면서 그것이 실제로는 더 가벼운 원소를 가진 합금, 주로 철로 구성되어 있음을 밝혀냈다. 이후로도 더 가벼운 요소의 정체에 대한 질문은 여전히 제기되고 있다.

움직이는 용융 상태의 외핵

지구화학자들은 더 가벼운 요소의 정체를 밝힐 방법을 찾고 싶어 했다. 그들의 방법은 원시 운석인 콘드라이트가 지구를 형성한 물질을 대표한다는 가정에 기초한다. 덕분에 지구의 초기 화학 조성에 접근할 수 있게 되었다. 핵의 조성을 만들기 위해서는 지구의 초기 화학 조성에서 맨틀과 지각에 존재하는 원소들만 제거하면 되었기 때문에 이에 대한 검토가 이루어졌다. 그러던 중 기본 가설 자체와 관련하여 몇 가지 어려움이 있기는 했지만, 과학자들은 지구의 외핵이 약 80%의 철, 5%의 니켈, 그리고 규소, 산소, 탄소 및 황으로 구성되어 있을 것이라는 점에 의견을 같이했다.

더 많은 것을 알아내기 위해 그들은 지구 중심과 같은 극한 조건에서 합금을 압축하고 가열하는 실험을 했다. 맨틀을 연구했을 때처럼, 매우 작은 금속 샘플을 둘러싸는 작은 다이아몬드 모루를 개발해야 했다. 다이아몬드는 투명하므로 레이저가 다이아몬드를 통과하여 합성 마이크로핵을 수천 도까지 가열할 수 있었다. 3,000km 이상의 깊이에 존재하는 물질과 유사한 것을 찾기 위한

기술 개발은 주로 싱크로트론(입 자가속기의 일종으로 전하를 가지고 있

핵의 온도는 태양 표면과 같이 약 5,000~6,000도 정도이다.

는 입자를 크기가 변하지 않는 원형 궤도에서 매우 빠른 속력으로 가속한다- 옮긴이)으로 이루어졌는데, 싱크로트론은 물질의 핵심을 살펴볼 수 있을 정도로 매우 강렬한 X선을 생성하는 수백 m 크기의 원형 가속기이다. 그렇게 지질학자들은 자신들의 기존 지식을 넘어서는 상황에서 핵과 유사한 마이크로 샘플의 특성을 분석했다. 이 연구로 핵 온도가 태양 표면과 같이 약 5,000~6,000도 정도이며, 고체 상태의 핵에도 아직은 확인하기 어려운 소량의 원소와 함께 일정 비율의 철분이 매우 풍부하게 함유되어 있음을 확인할 수 있었다.

지구 자기장은 자전거와 같은 동력 장치일까?

이렇게 높은 온도를 가진 핵에서 우리가 알고 있는 어떤 금속도 자기적 특성을 유지할 수 없다. 사실 자기를 띠는 현상은 결정의 규칙적인 전류에서 비롯되는데, 물질이 가열되면 이러한 전류를 생성하는 전자가 점점 더 동요되어 모든 조직을 소멸시킨다. 따라서 지구 중심에 거대한 금속 자석이 있다는 윌리엄 길버트의 생각에는 오류가 있었다.

지구의 핵은 자석이 아니다. 지표면에서 측정한 자기 데이터를 분석한 것도 아무 의미가 없었다. 지구 자기장의 90% 이상이 지

구 내부에서 발생하고 나머지 부분은 태양 자기와 대기 현상에서 비롯되기 때문이다. 지구가 가진 자기, 즉 지자기의 기원은 아인슈타인도 알아내지 못한 물리학의 커다란 미스터리 중 하나다.

20세기 후반이 되어서야 하나의 이론이 등장했다. 과학자들은 외핵이 자전거 발전기처럼 작동하여 전류와 자기장을 생성하는 것이라고 추측했다. 이때 전자기 유도의 원리는 이미 발견되었는데, 이 원리는 도체와 주변 자기장 사이에 상대적인 움직임이 있을 때 도체에 전류가 생성되는 것을 말한다. 외핵은 액체이다. 금속성이기 때문에 극한의 온도에서는 자기를 띠지 않지만, 여전히 전도성을 유지한다. 따라서 외핵의 움직임을 만드는 과정은 지오다이나모(액체 상태 핵에서의 대류와 전도 현상으로 야기되는 메커니즘으로, 지구 자기장 생성의 원인이 된다-옮긴이)를 생성할 가능성이 있다.

바다에서와 마찬가지로 지구의 자전은 외핵에 큰 소용돌이를 생성한다. 다른 한편으로 지구는 냉각되고 있으므로, 냄비 안의 끓는 물처럼 깊은 곳에 있는 핵의 뜨거운 부분을 차가운 지표면으로 운반하는 흐름이 있어야 한다. 냉각되면서 외핵의 액체 상태 금속이 점차 결정화되어 내핵이 점점 커진다. 반면 가벼운 성분은 부동액 역할을 한다. 철이 결정화되면, 그 성분은 액체 상태로 방출되면서 상승 흐름이 만들어진다. 지구 자전과 핵의 형태 때문에 나타난 이 현상은 결국 강력한 흐름을 만든다.

이렇게 지오다이나모를 만들고 유지 관리하는 과정은 여러 가

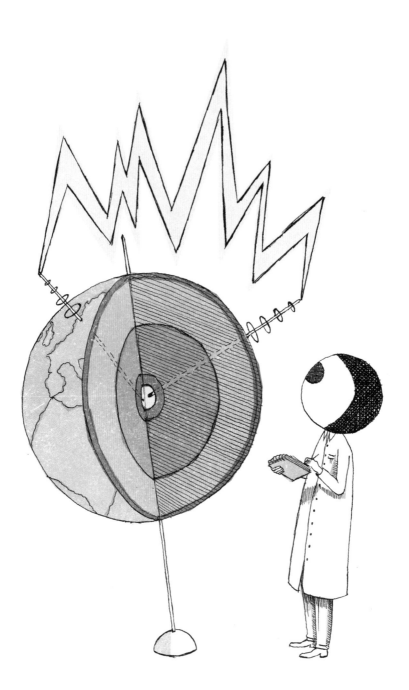

지이다. 이에 따라 과학자들은 지오다이나모 이론의 비밀을 탐구하기 시작했다. 우선, 그들은 가설과 수학 이론을 가능한 한 폭넓게 적용했다. 이를테면 핵이 기능하기 위해서는 전도성 유체를 움직이는 것만으로는 충분하지 않다는 것을 찾아냈다. 어떤 흐름 구조는 모든 동력원을 없앨 수 있기 때문이다. 반면에 에너지는 TW(테라와트) 정도의 아주 적은 양으로도 핵을 움직이는 데 충분하다. 지오다이나모에 21분 동안 태양 에너지를 제공한다면 1년 내내 그것을 유지할 수 있을 것이다. 물론 태양 에너지는 지구의 안쪽에 도달하지 않지만 말이다.

실험실에서 일종의 핵 축소 모델인 지오다이나모와 유사한 물리학 실험 연구가 진행되었다. 예를 들어 그르노블 연구소 팀은 자기 측정 장비와 여러 센서를 갖춘, 스스로 매우 빠르게 회전할 수 있는 구체를 설계했다. 과학자들은 그 안을 전도체인 액체 나트륨과 공기나 물에 닿으면 발화하는 반응성이 매우 높은 유체로 채운 후, 시스템을 작동시켜 자급자족 발전기를 만들기 시작했다. 이러한 유형의 다른 사례들은 전 세계에서 찾아볼 수 있다. 그러나 오늘날까지도 이런 '미니 지구 핵'이 작동한 적은 없다. 많은 사람이 전류를 활성화해서 실험실에서 지오다이나모를 자발적으로 활성화할 수 있는 순간을 꿈꾸고 있다. 가장 희망적인 결과는 지구에서 자기장의 극성이 자연적으로 역전된 현상을 관찰한 것을 보았을 때 10년 내로 예상하고 있다.

자극의 역전

지구의 자기장은 지질학적 시간 동안 셀 수 없이 많이 바뀌었다. 우리는 1920년대부터 이 사실을 알게 되었는데, 일본 연구원인 모노토리 마투야마가 78만 년 전, 홍적세(지질 시대의 하나로 신생대 제4기의 전반에 속한다-옮긴이)에 형성된 모든 현무암이 현재 자기장과 반대 방향으로 자기장을 기록하고 있다는 사실, 즉 '자기 역전'을 알아낸 덕분이다. 따라서 지구 자기장의 북극은 종종 지리상의 남극과 일치하기도 했다. 오래전의 현무암에 대한 기록을 연구함으로써, 현무암 형성 당시의 자기장을 재구성할 수 있었다.

해저 암석의 자기장에 관한 연구는 판 구조론의 출현에 근본적인 역할을 했다. 해저의 현무암이 하드 디스크처럼 지난 2억 년 동안의 지구 자기장을 지속적으로 기록했기 때문이다. 고대 현무암의 자기장이 현재 자기장과 비교해서 비정상적으로 나타날 때, 이를 '자기 이상'이라고 부른다. 해령의 양 측면에서 이러한 이상 분포를 연구함으로써 과학자들은 암석의 하강 및 상승에 의한 해양 지각의 생성에 대해 밝힐 수 있었다. 대륙 암석에 대한 고자기장 연구는 대륙이 지난 20억 년 동안 지구 표면에서 이끌어온 놀라운 움직임을 밝혀냈다.

자기 역전은 오늘날에도 불가사의한 현상으로 남아 있다. 빈번한 역전 현상이 무작위로 나타나기 때문이다. 짧은 기간 동안 자기장이 불안정하고 자주 역전되는 현상은 무질서해 보이지만, 장기적으로 보면 안정적인 슈퍼크론(천만 년이 넘는 2개의 자기 역전 사이의 시간-옮긴이)에 이를 수 있다. 최근 연구에 따르면 지표면에 있는 대륙의 지리적 분포와 자기장의 안정도 사이에는 상관관계가 있는 것으로 보인다. 대륙의 질량이 북반구와 남반구에 고르게 분포되어 있을 때, 자기장은 맨틀과 지구 핵의 대류 사이에 대규모 결합이 이루어지는 방향을 가리키며 안정화될 것이다.

동시에, 수학과 컴퓨터의 발전으로 지오다이나모 이론의 방정식을 수치상으로 풀 수 있게 되었다. 1990년대에 이미 디지털화한 지오다이나모가 개발되었다. 이 지오다이나모를 통해 지구에서와 같은 쌍극자(음양의 전하 분포가 균일하지 않고 양전하의 중심과 음전하의 중심이 일치하는 경우-옮긴이)와 자기 극의 갑작스러운 역전 현상이 이미 밝혀졌다. 그 이후로 지오다이나모 모델이 개선되면서 역전 현상이 빠르게 나타나는 경우가 있으며, 이것이 자극의 움직임에 영향을 미친다는 것을 알게 되었다. 캐나다의 제임스 클락 로스가 처음으로 발견한 지자기 북극이 150년 넘는 시간 동안 시베리아 쪽으로 이동해 온 것이 관측되었다. 달팽이의 이동 속도 정도인 연간 15km에서, 1990년대 후반에는 가속화되어 연간 약 60km에 이르게 된 것이다. 그러나 지자기 남극에서는 이와 같은 것이 관찰되지 않았다. 수

관측에 따르면 지자기 북극은 150년 이상 동안 시베리아 쪽으로 이동해 왔다. 연간 15km로 이동했다가 1990년대 후반에는 가속화되어 연간 약 60km에 이르게 된다.

치로 계산해 보면, 러시아 지역 아래의 핵에서 움직이는 자성 구조물이 이러한 현상을 일으키는 것으로 보인다.

그러면 자기장은 얼마나 빨리 역전될까?

지구 자기장이 태양 복사 에너지에 대한 보호막 역할을 하지 않는다면 위의 질문은 중요하지 않을 수도 있다. 대기 상층부에서 지구 자기장, 태양풍, 그리고 지구에서 지속해서 방출하는 이 플라스마 흐름 사이의 상호작용은 전리층을 형성하는데, 전리층은 태양에서 방출되는 가장 강력한 광선을 필터링하는 대기의 일부이다. 이 상호작용은 태양에서 나오는 입자의 흐름이 가장 강할 때 관찰할 수 있으며, 남극광(남극에서 발생하는 오로라-옮긴이)과 북극광(오로라)을 만들어낸다.

지구 자기장이 최소가 되었을 때 역전되면 어떤 일이 발생할까? 에너지가 가장 큰 우주 광선이 지구 표면에 도달할까? 1989년에 태양 폭발로 캐나다 퀘벡의 전기 시스템이 몇 시간 동안 손상된 사건을 통해 태양풍이 심각한 손상을 일으킬 수 있다는 것을 알 수 있다. 자기 역전 현상과 과거 대량 멸종 사이의 연관성이 결정적이지는 않지만 가설로 제시되었는데, 그에 따르면 이 기간에 알려진 종의 90% 이상이 사라졌다고 한다. 최근 프랑스 연구원들은 네안데르탈인의 점진적인 소멸이 지자기장의 세기가 매우 낮은 기간에 발생했으며, 이 기간에 자기장이 잠시 역전되기도 했다는 사실을 알아냈다. 이것은 단순한 우연의 일치일까, 아니면 대기의 화학적 성질에 영향을 미치는 지구 자기장 감소와 이미 멸종한 종들 사이에 어떤 인과 관계가 있다고 생각해야 할까?

인간의 수명을 고려하면 자기장의 변화 속도는 매우 빠르다. 지난 10년 동안 과학자들은 기상학자의 연구에 기초하여 컴퓨터 프로그램을 변형시켜서 자기장의 변화를 예측한다는 목표를 설정했다. 오늘날 지구 표면의 자기장 측정은 2013년에 유럽 우주국이 발사한 SWARM 탐사선의 위성 3개로 주로 이루어졌다. 이 데이터베이스는 성능이 뛰어난 컴퓨터와 컴퓨터 프로그램을 이용해 지구 핵 내부의 자기장 구조를 제안하고 지구 표면에서의 자기장 구조 변화를 예측하는 데 이미 활용되고 있다. 그러나 핵 내부는 활발하게 활동 중이어서 높은 수준의 정밀도가 필요하므로, 컴퓨터로 계산하는 것에는 여전히 한계가 있다. 1m 규모에서 작동하

플라스마

플라스마는 고체, 액체, 기체 상태와 함께 물질의 네 가지 주요 상태 중 하나이다. 물질은 매우 높은 온도―약 2,000도―로 가열되거나, 특히 레이저 또는 마이크로파 발생기를 사용하여 강한 전자기장을 받으면 플라스마 상태가 된다. 태양 코로나가 플라스마에 해당한다.

는 자기장 흐름과 1,000km 규모에서 작동하는 자기장 흐름을 모두 설명할 수 있어야 하기 때문이다. 표면에서 핵을 관찰하면 제한적일 수밖에 없다. 데이터를 이용하더라도 지하 3,000km가 넘는 곳에서 액체 상태인 금속의 움직임을 설명할 때 따라오는 문제점을 해결할 수는 없다.

9

생명의 흔적을
담고 있는 광물

18세기 말, 파리 국립자연사박물관 교수이자 현대 결정학의 아버지였던
광물학자 아우이는 광물을 이렇게 규정했다.
"광물은 지구상에 존재하는 94가지 천연 화학 원소 중 하나 이상이
잘 알려진 일곱 개의 결정 구조 중 하나로 서로 뒤섞여
하나의 화학적 조성을 지니게 된 것이다."
그중 일부는 석영, 다이아몬드, 에메랄드, 루비, 토파즈, 그리고 옥처럼
고대부터 쭉 알려진 것들이다. 그렇다면 그들은 어디에서 왔을까?

**이름을 붙일 수 없는
브리지마나이트**

2014년 11월 28일, 과학 저널 〈사이언스〉는 이상한 현상을 발견했다고 보고했다. 미국의 한 연구팀이 Tenham L6 운석에서 새로운 광물을 발견한 것이다. 이 운석은 태양계 형성 초기 단계의 잔해인 작은 구체형 암석 '콘드률'의 집합체로 이루어진, 우주에서 온 콘드라이트이다. 무게는 약 160kg으로, 1879년에 호주 서부로 떨어졌다. 콘드라이트는 그 지역에서 두 번째로 발견되었다.

이 새로운 광물의 화학식은 $MgSiO2$이며, 국제광물학회는 고압 광물 물리학의 선구자이자 노벨상 수상자인 퍼시 윌리엄스 브리지먼을 기리기 위해 '브리지마나이트_bridgmanite'라 명명하기로 했다. 브리지마나이트는 운석에 아주 적은 양만 존재하기 때문에 이를 탐지하기 위해서는 방사광 가속기를 사용해야 한다. 지름 수백 미터의 거대한 이 입자 가속기는 빛의 속도에 가깝게 움직이는 전자를 사용해 물질을 나노 단위로 분석하며 고에너지 X선을 생성한다.

연구진들은 이 연구를 통해 지구와 운석이 충돌할 때의 충격이 지표면에서 거의 700km 아래의 압력과 온도에 영향을 주면서, 몇 초 동안 브리지마나이트가 형성되었다는 사실을 알아냈다. 지구 부피의 거의 40%를 차지하는 이 광물은 인위적으로 만드는 방법을 알아내는 데 40년이 걸렸다. 그런데 왜 운석 내 천연 브리지마

나이트의 발견은 2014년이 되어서야 가능했을까?

아우이가 살았던 시대에는 100개의 광물만이 확인되었는데, 대개는 사람을 치료하는 효능과 연관 지었다. 가지고 있으면 취하지 않을 수 있다고 믿어 왔던 자수정은 고대 로마 이후부터 모든 가톨릭 주교의 반지를 장식했다. 19세기 자연주의자들은 살아 있는 생물에게서 무기질을 발견했고, 1890년에는 800개의 광물이 발견되었다. 1920년에는 광물의 수가 1,000개를 넘어서기도 했다.

1950년대 후반, 미국 국립표준국의 한 연구팀이 지구 광물학과 지구 내부에 대한 우리의 지식을 뒤엎을 만한 혁신적이면서 아주 단순한 방법을 개발했다. 앞에서도 언급했던, 다이아몬드 모루 프레스이다. 이 장치는 두 개의 다이아몬드 사이에 암석 샘플과 같은 물질을 압축하여 이전에는 상상할 수 없었던 압력을 가한다. 그리고 1974년, 캔버라에 있는 호주 국립대학교에서 연구하던 젊은 대만 연구원 린건 리우는 1962년에 이미 지구 내부에 존재하며 널리 퍼져있다고 알려진 '페로브스카이트($CaTiO_3$와 같은 결정 구조를 갖는 물질을 총칭하는 용어-옮긴이) 결정 구조를 갖는 마그네슘 규산염'을 합성한다. 그러나 1958년에 설립된 국제광물학 협회는 광물에 이름을 부여하려면 적어도 하나의 자연 발생적인 기원을 가져야 한다고 했다. 그래서 지구상에서 가장 풍부한 광물인 '페로브스카이트 결정 구조를 갖는 마그네슘 규산염'은 지구상의 운석에서 이를 발견한 2014년이 되어서야 비로소 이름을 갖게 되었다.

힉스 보손 입자가 양자물리학에 영향을 미치는 것처럼 브리지마나이트 역시 광물학에 영향을 미쳤다. 입자 가속기 LHC(Large Hardon Collider)가 만들어지기 전에는 힉스 입자가 알려지지 않았던 것처럼, 브리지마나이트 역시 틀림없이 존재하고 있었

지구 내부의 광물 조성에 대한 우리의 비전은 전적으로 실험실 연구와 운석 분석을 토대로 만들어졌는데, 이름 없는 지구 광물과 지구 외부에서 온 광물 사이의 복잡한 이중성에 바탕을 두고 있다.

지만 그전까지는 존재 여부를 확인하지 못했다.

지구 내부의 광물 조성에 대한 우리의 전망은 전적으로 실험실 연구와 운석 분석을 토대로 만들어졌는데, 이름 없는 지구 광물과 지구 외부에서 온 광물 사이의 복잡한 이중성에 바탕을 두고 있다. 2016년, 다이아몬드 모루 프레스를 이용해서 지구의 중심에서 작용하는 압력의 3배인 TPa(테라파스칼)의 경계까지 도달했다. 결정 구조가 알려진 수십 개의 화학적 물질이 두 개의 다이아몬드 사이에서 아주 적은 양만 합성되는데, 이들은 운석에서 발견되기 전까지는 아마 이름이 없는 상태로 남아 있을 것이다.

브리지마나이트는 지구의 깊이를 보여 주는 운석 광물 중에서는 명예의 전당에 오를 정도로 가장 잘 알려졌지만, 유일한 것은 아니다. '스티쇼바이트'는 석영이 높은 압력을 받은 형태로, 그 밀도가 석영의 거의 두 배에 달한다. 스티쇼바이트는 1961년에 합성되었으며, 1962년에 운석 충돌구의 분화구에서 발견되었다. 스

티쇼바이트는 링우다이트와 마찬가지로 Tenham L6에서도 발견되었으며, 1964년에 암석학자인 앨프리드 링우드가 감람석 광물을 이용해 합성했다.

페리도트라는 보석으로 알려진 감람석은 태양계에서 가장 흔한 광물 중 하나다. 올리브그린색인 감람석은 이따금 갈색이나 노란색 색조를 띠기도 하며, 특히 콘드라이트로 알려진 암석형 운석에서 많이 나타난다. 달, 심지어는 화성에서도 발견했다. 브리지마나이트에 이어 지구상에서 두 번째로 가장 풍부한 광물 종인 감람석은 우리 발아래로부터 30km 깊이에 있는 지구 상부 맨틀의 대부분을 구성하고 있다. 마그마 작용으로 생성된 현무암이나 반려암 같은 암석에 존재한다. 가스, 결정 및 용융 상태의 화산암 혼합물인 마그마는 지표면으로 올라가면서 균열이 생긴 벽면을 긁어내어 암석 조각들을 떼어내고, 마그마가 지나간 자리에 있었던 암석 조각을 데리고 온다. 보통 감람암이라 불리는 모든 마그마의 발상지에서 시작된다. 종종 용암은 다이아몬드처럼 이차 광물을 포함하고 있는 감람암을 위로 떠오르게 한다.

우리 발아래 바다? 우주에는 태양이 창조되기 이전에 생성된 프리솔라 다이아몬드가 있다. 그러나 지구의 다이아몬드는 지구가 형성되고 열역학적으로 안정된 이후, 약 150km 깊이에서 생성되었다. 대기압에서 다이아몬드는 흑연으로 변하는데, 실온에서 그 반응은 매우 느리게 일어난다. 반면 1,500도 이상의 오븐에 넣으면 바로 연필심이 되어 나온다. 지표면에서 발견된 지구 다이아몬드는 깊은 곳에서 마그마에 의해 아주 빠르게 위로 운반되었기 때문에 도중에 '흑연화'되지 않는다. 따라서 지구 다이아몬드는 지구 내부를 보여 주는 작은 조각이다.

실제로 대부분의 다이아몬드가 150~200km 사이의 깊이에서 나온다고 할 때, 현재까지 알려진 바로는 그중 극히 일부분인 150개 미만은 훨씬 더 깊은 곳에서 나온다. 마그마가 감람석 덩어리를 다이아몬드가 있는 곳까지 가져갈 수 있으므로, 이 다이아몬드는 미세한 지구 심층 영역의 작은 부분을 표면으로 가져올 수 있었다. 그중 하나가 바로 브라질 마투그로수에서 2014년에 발견한 10mg의 작은 다이아몬드다. 다이아몬드에 소량의 링우다이트가 포함된 것이 발견되면서 지구의 광물학적 모델이 옳았다는 것이 증명되었다.

링우드가 예측한 대로 우리 발아래로부터 410km 떨어진 곳에 실제로 링우다이트가 있었다. 그러나 지구 깊은 곳에서 발견한 이 링우다이트는 운석에서 발견한 것과는 매우 달랐다. 여기에는 거의 1.5%의 물이 포함되어 있었다. 하지만 초콜릿이 우유에 녹는 것처럼 고체 결정은 사실 물에 녹는다. 지구에서 링우다이트가 발견되면서, 지구 물의 99%가 우리 발아래로부터 400km 이상 떨어진 곳에 있는 이 작은 파란색 광물의 결정 구조에 저장되어 있다는 가설이 가능해졌다.

오늘날 확인된 4,750종의 광물 중에 운석에서 발견된 것은 약 250종에 불과하다. 따라서 4,500종의 광물은 우리 지구에만 존재할 수 있는 고유한 종류이다. 단백석, 마노, 석고, 점토, 운모, 활석과 같은 대부분의 수화된 광물이 여기에 해당한다. 또, 지구상에서 가장 풍부한 광물 중에 석면에 함유되어 있는 광물군인 사문석은 최대 15%의 수분을 함유할 수 있다. 이 광물은 해저의 열수 분출공에서 순환하는 물과 접촉한 감람석이 수화되면서 생성된다. 이 수화 과정에서 열과 수소가 방출된다.

어떻게 보면 지구가 물속에서 숨을 쉬면서 바다 밑바닥에 있는 블랙스모커(해저 지각 속에서 마그마가 식어서 굳어질 때 나오는 고온의 수용액이 바닷물과 반응하여 검은 연기처럼 솟아오르는 것)라는 굴뚝을 통해 수소를 내뿜는다고 말할 수 있다. 지구가 호흡하면서 생성된 수소는 심해의 어둠 속에서 발달한 깨끗한 생명 사슬의 에너지원이다. 과학자들은 빛에 의존하지 않는 생명 사슬이 존재했던 시생대(40억 년 전부터 25억 년 전까지를 가리키는 지질학적 단어-옮긴이)가 정말 생명체의 기원인

오늘날 확인된 4,750종의 광물 중 운석에서 발견된 것은 약 250종에 불과하다. 따라서 4,500개의 광물 종은 우리 지구에만 존재할 수 있는 고유한 종류이다.

지 여전히 논쟁 중이다. 따라서 사문석은 본질적으로 물, 감람석 및 생명과 연결되어 있다. 단, 알려진 광물 4,750종 중 약 70%가 어떤 면에서든 생명체와 관련이 있는 것으로 여겨지기 때문에 사문석만이 그 유일한 답은 아니다.

지구 고유의 광물, 생명과 공생하는 광물

지구가 진화론적으로 가장 큰 폭발을 경험하고 있을 때, 광물의 다양성 역시 생물의 다양성과 함께 폭발적으로 증가하고 있었다. 38억 년 전, 오늘날에도 일부 서호주 해안에서 발견되는 원시 세균성 생명체의 흔적을 담은 광물 스트로마톨라이트에는 탄산 칼슘의 결정 형태인 아라고나이트가 침전되어 있다. 20억 년 전에 광합성으로 적철석 같은 새로운 산화철 광물이 생성되었고, 이는 모든 바다에 정착하여 띠 모양의 철인 붉은 줄무늬가 있는 암석을 남겼다. 5억 6천만 년 전, 캄브리아기에 생명체가 폭발적으로 증가하면서 대부분의 다세포 동물이 갑자기 나타나고 대륙이 식물과 동물에 의해 정복되었을 때, 수백 가지의 새로운 광물이 나타났다. 그중 치아와 골격을 이루는 인산칼슘, 우리 눈 수정체에 있는 바이오미네랄, 나무의 화석 수지(로진, 호박 등과 같이 식물이나 나무에서 나오는 자연 유출물이 고화된 것뿐만 아니라 카세인 같이 동물에서 유래된 것도 포함한다-옮긴이)와 같은 향유고래의 화석 수지, 연체동물이 만드는 껍데기를 구성하는 아라곤산염, 절지동물의 외골격을 구성하는 키틴, 식물 세포벽의 셀룰로스 등은 그 시작이 된 식물의 뿌리와 미생물의 공생으로 발생하는 점토 광물에서 생겨난다. 따라서 우리가 알고 있는 세계를 운반하고 형성하는, 생명과 공생하는 이 모든 광물은 지구 외부에서 온 광물이 천천히 변화해서 지구 고유의 광물로 탄생한 것이다.

따라서 우리가 알고 있는 세계를 운반하고 형성하는, 생명과 공생하는 이 모든 광물은 지구 외부에서 온 광물이 천천히 변화해서 지구 고유의 광물로 탄생한 것이다.

10

우주 속의 지구

우주를 들여다본다는 것은 곧 우리 자신을 들여다보는 것이다.

인류는 항상 천체와 별 관찰에 매료되어 있었다.

초창기 그리스인들이 이룬 천문학적 발견 이후로

관측과 모델링이 지난 세기에 걸쳐 매우 빠른 속도로 발전해 왔으며,

그 덕분에 이제 우주에 대해 훨씬 더 많은 것을 알게 되었다.

수천 개의 행성이 은하계 가장자리에서 발견되었지만,

그들에 대해서는 여전히 대부분 미스터리로 남아 있다.

우리는 외계 행성에 관해 연구함으로써 지구에 대해 더 잘 알게 된다.

천체를 관찰함으로써 지구를 속속들이 알게 되고,

또 지구가 오늘날 어떻게 완전한 균형을 이루고 있는지도 알게 된다.

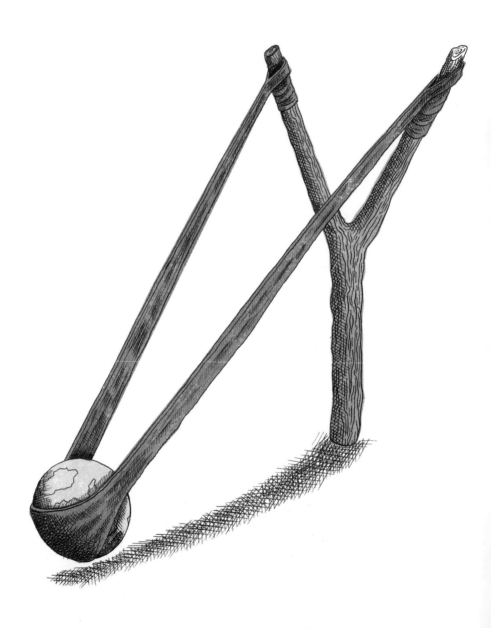

일요일 Solis, 월요일 Lunae, 화요일 Martis, 수요일 Mercurii, 목요일 Iovis, 금요일 Veneris, 토요일 Saturni. 로마 제국 때부터 사람들은 하늘에서 관측할 수 있는 일곱 개의 별, 즉 태양, 달, 화성, 수성, 목성, 금성, 토성의 이름을 따서 요일의 이름을 지었다. 기원전 500년, 12년에 걸친 목성 궤적이 황도대의 12개 별자리를 통과하면서 바빌론의 천문 달력이 틀을 잡았다. 달과 태양, 그리고 이 다섯 행성은 우리에게 매우 친숙해진 덕분에 문명이 시작되면서부터 이들을 이용해서 시간을 측정했다. 하지만 아이러니하게도 우리는 이제서야 비로소 태양계와 그 주변을 제대로 이해하기 시작했다.

자신의 망원경을 통해 처음으로 목성의 가장 큰 위성 4개(이오, 유로파, 가니메데 및 칼리스토)를 관찰하던 갈릴레오가 1610년 1월 7일, 학계에서 제명당하면서 우리는 그 후로 얼마나 먼 길을 돌아왔는지 모른다. 갈릴레오는 목성과 목성을 둘러싸고 있는 위성이 태양계를 축소한 것과 같다고 주장했다. 이것은 1543년에 코페르니쿠스가 주장했던 지구와 다른 행성들이 태양 주위를 돈다는 이론을 뒷받침했다. 그는 교회에 전면적인 도전을 했을 뿐 아니라 수백 년 동안 어둠에 묻혀 있던 사실을 재발견했다는 이유만으로, 종교 재판에서 그의 생애 마지막 7년 동안 가택 연금을 선고받았다. 그렇게 당시 가장 강력한 조직인 교회의 블랙리스트에 오르면서도, 그는 망원경으로 다른 행성들의 궤도를 관찰하면서 천체 역학의 토대를 마련했고 지구의 움직임 역시 알 수 있었다.

1610년, 갈릴레오는 토성을 관찰하고 토성의 '귀'를 설명했다. 1655년에 천문학자 하위헌스는 토성의 '귀'가 고체로 된 고리임을 알게 되었으며, 토성의 가장 큰 위성인 타이탄을 발견했다. 그는 이러한 위성들을 수호자 또는 동반자를 의미하는 라틴어 'satelles'를 따서 이름 붙였다.

1781년 3월 13일, 독일의 천문학자 윌리엄 허셜은 이상한 물체를 발견했는데, 그는 이것을 혜성이라고 생각했다. 이것은 고대인들에게는 알려지지 않았던 행성으로, 1783년이 되어서야 비로소 천왕성이라는 것이 밝혀졌다. 1846년 8월 31일에는 프랑스의 수학자 위르뱅 르베리에가 과학 아카데미에서 천왕성 궤도가 교란되는 것을 분석하고 새로운 행성의 존재를 예측했다. 그러나 함께 일하는 동료들의 관심을 얻지 못하자 그는 독일 천문학자인 요한 고트프리트 갈레에게 미지의 물체가 있을 만한 하늘의 위치에 대해 서신을 보냈다. 1846년 9월 23일 밤에 서신을 받은 갈레는 베를린에서 같은 해 12월 29일에 해왕성으로 보이는 물체의 존재를 확인했다.

2015년 7월, NASA의 뉴호라이즌스 탐사선이 명왕성 근방에 도착했다. 명왕성은 태양계 행성 중 태양에서 가장 멀리 떨어져 있는 행성으로, 최근에는 왜소 행성으로 격하되었다. 바로 그날, 인류 탐험에서 가장 긴 여정이 끝났다. 직설적으로 말하자면, 50년도 채 되지 않아 우리는 달 위를 걸었고, 화성과 금성에 착륙했으며, 추류모프-게라시멘코라는 이름의 혜성에 필레라는 작은 로봇을 보냈다. 우주 탐사선은 태양 주변을 둘러보고 태양계의 다른 행성을 날아다니며 발견하고, 탐험하고, 지도를 만들고, 알려지지 않은 새로운 세계를 많이 측정했다. 1997년에 발사된 소형 호이겐스 착륙선은 8년 후, 토성의 가장 큰 자연 위성인 타이탄 표면에 착륙했다. 이 착륙선을 발사한 카시니 탐사선은 토성의 모습을 담은 474MB의 데이터를 전송했다. 얼음 행성의 주황색 이미지는 강과 탄화수소 호수를 보여 주었다. 더 나아가 2003년에 발사된 일본 하야부사 탐사선은 2년 후 이토카와 소행성에 도달했다. 하야부사 탐사선은 꿀을 찾는 벌처럼 약 60mg의 암석을 채취하기 위해 지표면을 돌아다녔고, 그렇게 채취한 암석을 지구로 가져왔다. 이 귀중한 꾸러미는 2010년에 회수되어 실험실에서 분석되었으며, 소행성이 태양계의 첫 백만 년을 증명하는 화학 성분을 가지고 있음을 보여 주었다.

1919년에 에드윈 허블은 로스앤젤레스의 윌슨산 천문대에 머물고 있었다. 천문대에는 지름 2.5m의 망원경이 있었는데 당시로는 가장 큰 망원경이었다. 오늘날 가장 큰 망원경이 지름 10m인 것에 비하면 작은 편이지만, 허블은 이 망원경으로 1923년에 안드로메다 성운이 우리 은하 밖에 있다는 것을 발견했다. 우리 은하계의 성운이라고 생각했던 것이 사실은 또 다른 은하계였던 것이다. 다른 은하가 존재한다면 우주는 우리가 그 당시 생각했던 것보다 훨씬 더 크다는 말이 된다.

　그러나 이 머나먼 은하는 우리의 손이 닿지 않는 곳에 있으므로 우선은 우리 은하에 집중하기로 하자. 지름이 약 10만 광년으로, 나선은하인 우리 은하에는 약 2천억에서 4천억 개의 별이 있다. 그러나 지난 30년 동안 이 별들 중 일부만이 행성계를 유지할 수 있다는 것을 확인했다. 우리는 종종 태양계와 구성은 비슷하지만, 매우 다른 형태를 가진 외계 행성에 관해 이야기한다. 매우 멀리 떨어져 있는 이 행성들은 그들의 항성에서 방출하는 빛이 변하거나 사라질 때 관찰된다. 아직 아는 것이 거의 없긴 하지만 지금까지 약 4,000개가 발견되었으며 더 많은 것을 찾기 위해 새로운 우주 탐사 임무를 준비하고 있다.

　현재는 이들의 질량, 조성, 궤도를 제어하는 메커니즘, 표면을 결정하는 기후가 연구 대상이다. 이 행성 중 하나인 게자리 55e(55 Cancri e)는 별이 보이는 표면이 용융 상태의 마그마 바다로 뒤덮여 있다고 한다. 또 다른 행성 TrEs-2b는 어떤 빛도 반사하지 않는다. 검은 행성으로, 그 이유는 아직 밝혀지지 않았다. 안드로메다자리 웁실론 b(Upsilon Andromedae b)는 항상 같은 면이 항성 쪽을 향해 있다. 그래서 한쪽은 불구덩이고, 다른 한쪽은 얼음이다. 측정 결과, 양쪽의 온도 차가 1,000도를 넘는 것으로 나타났다.

　그렇다면 우리는 왜 이 행성들을 연구하는 걸까? 태양계의 다른 행성을 왜 연구해야 할까? 인류 최초로 태양계를 넘은 보이저

1호가 지구를 떠나 명왕성 주변을 지나는 데 35년이 걸렸지만, 우리가 모든 기술적 문제를 해결한다고 가정하면 화성까지는 왕복 3년이 걸릴 것이다. 가장 가까운 외계 행성은 지구로부터 약 4.2광년 떨어진 태양과 가장 가까운 별 프록시마센타우리 주변에서 최근에 발견됐다. 다시 말해, 이 외계 행성으로 여행을 한다면 광속 4.2년이 걸린다. 하지만 휴대전화만큼 작지만, 초강력 레이저로 움직이는 새로운 종류의 탐사선을 사용하면 20년 만에 도착할 수 있을 것이다. 이것이 바로 스티븐 호킹 박사가 2017년 사망 전에 작업했던 미래형 '브레이크스루 스타샷' 프로젝트이다.

탐험을 계속해 보자. 목성은 수소와 헬륨으로 구성된 거대한 가스 행성이다. 그러므로 우리는 그곳에 발을 디딜 수도 없고 그곳에서 숨을 쉴 수도 없다. 또, 그곳은 액체 상태의 물도 없고 (우리가 땅에 붙어 있게 해 주는) 표면 중력 가속도도 지구의 3배이다. 살기에 매우 열악한 환경이다. 지구와 비슷한 반지름과 질량을 가진 행성인 금성은 이른 아침 하늘에서 마지막으로 사라지는 별이다. 샛별 금성에는 5억 년 전에 일어난 화산 흔적이 그대로 남아 있다. 때로는 산악 지형, 원형 고원이나 깊은 계곡 같은 기이한 지형이 금성 표면에 새겨져 있다. 이러한 지형은 95%가 이산화탄소인 두껍고 불투명한 대기 아래에 숨겨져 있어서 육안으로는 볼 수 없다. 압력도 지구의 대기보다 거의 100배는 크다. 그 결과, 강력한 온실 효과로 표면이 무척 뜨겁다. 평균 온도가 자그마치 460도이다! 당연히 사람이 살 수 없다. 수성은 지구보다 훨씬 작고 죽은 듯 보인다. 수성은 우리 태양계의 시작을 나타내는 운석과의 격렬한 충격을 그대로 보여 주는 분화구로 뒤덮여 있는데, 그 이후 이 분화구를 변형할 만한 지질학적 현상은 발생하지 않았다. 대기도, 지각 변동도, 물도, 생명체도 없다. 그러나 금속성 핵 활동으로 생성된 자기장은 작용하고 있다.

화성은 우리를 환영하는 것처럼 보인다. 특히 NASA가 2004년에 탐사선 오퍼튜니티를 화성에 착륙시킨 후, 2012년부터 표면을 탐사해 온 최신 탐사선 큐리오시티를 포함하여 몇 대의 소형 로봇을 그곳에 보냈다는 사실만 보면 그렇게 생각할 만하다. 탐사선 엑소마스는 임무의 첫 번째 파트가 시작된 이래, 일곱 개의 궤도선에서 엄청난 속도로 우리에게 화성 표면의 이미지를 보내고 있다. 정보의 정확도는 타의 추종을 불허하며 특정 장치의 경우 해상도가 10cm에 이른다.

뒤이어 화성의 지질학적 현상과 대기 현상도 발견되었다. 과거 화성에 액체 상태의 물이 존재했다는 가설은, 심지어는 북반구를 덮을 정도의 고대 바다가 존재했다는 가설은 특히 액체 상태의 물이 존재해야만 형성될 수 있는 광물이 탐지되면서 그 가능성이 더 높아졌다. 그러나 온갖 노력을 다했음에도 여전히 생명의 흔적은 찾아볼 수 없다. 그나마 최근 발견된 유기 분자의 존재 때문에 우리는 여전히 긴장의 끈을 놓지 못하고 있다. 그러므로 화성도 우리를 수용할 준비가 된 행성으로 보기에는 거리가 멀다.

하지만 우리가 정착할 수 있는 행성을 찾는 것은 이제 시간문제다. 기술과 기후 공학 덕분에 지구가 아닌 다른 행성을 사람이 살 수 있는 곳으로 만들려는 '테라포밍'(지구가 아닌 다른 행성이나 위성 및 천체를 지구의 환경과 비슷하게 바

화성에 액체 상태의 물이 존재했다는 가설은 특히 액체 상태의 물이 존재해야만 형성될 수 있는 광물이 탐지되면서 그 가능성이 더 높아졌다. 그러나 온갖 노력을 다했음에도 여전히 생명의 흔적은 찾아볼 수 없다. 그러므로 화성 역시 우리를 수용할 준비가 된 행성으로 보기에는 거리가 멀다.

꾸어 인간이 살아갈 수 있게 꾸미는 일-옮긴이)이 시도되고 있는데, 이는 생물 종을 가장 잘 보존하기 위해 인간을 다른 세계에 분산시키려는 미국 한 억만장자의 꿈을 반영한 것이다. 민간 기업들은 해저보다는 접근하기 쉬워 보이는 달이나 소행성의 광물 자원을 이용하기 위해 우주 개발에 뛰어들고 있다.

그러나 과학자들은 그런 이유로 하늘을 쳐다보는 것이 아니다. 그들은 다름에 대한 호기심, 우리를 포함한 우주를 배우고 이해하려는 열망에서 우주를 바라보고 있다. 무엇보다도 우리가 사는 지구에 대해 더 많이 알고자 하는 열망에서 비롯된 것이다. 화성이 여러 면에서 지구와 비슷한 붉은 행성이 되도록 만든 물리적 메커니즘은 무엇일까? 금성에서의 강력한 온실 효과가 지구에서도 일어날 수 있을까? 지구에서 핵연료가 고갈되고 판 구조론 운동이

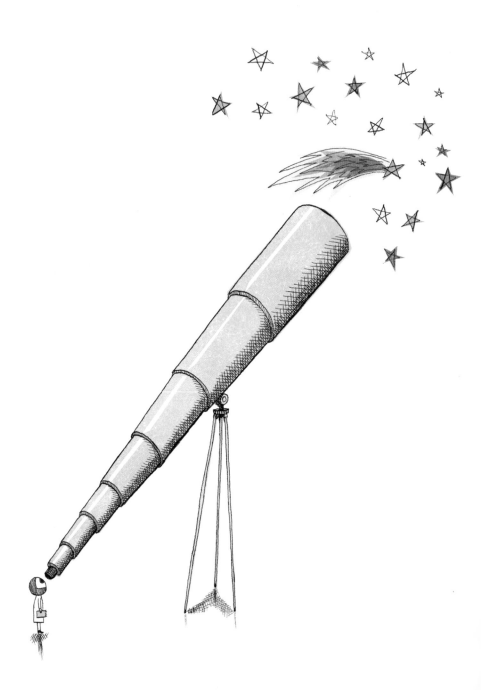

중단되면 어떤 일이 벌어질까?

　태양과 떨어져 있는 지구의 거리, 자전 속도, 질량과 조성은 모두 우리가 알고 있는 생명체가 존재하는 데 있어 필수적 조건이다. 우리가 천체를 관찰하는 것은 인간이 환경에 미친 영향에 대해 환경이 어떻게 반응할지 더 잘 이해하고 우리 자신에 대해 배우기 위해서이다. 마찬가지로, 과거 지구의 기후, 해양 및 대륙을 분석하면 미래에 대한 시나리오를 구상할 수 있을 것이다. 지구에 계속 머무르는 경우, 그리고 그 경우에 우리의 미래가 어떻게 될지를 이해하고 예상하기 위해, 우리 발아래 암석에 기록된 과거뿐만 아니라 우리의 관심을 하늘로 돌려 이제는 접근할 수 없었던 다른 행성도 살펴보아야 한다.

참고 문헌

Adolphe Nicolas, 《Les montagnes sous la mer》, BRGM Éditions, 1997.

Agnès Dewaele et Chrystèle Sanloup, 《L'intérieur de la Terre et des planètes》, Belin, 2005.

André Brahic, 《Enfants du soleil: histoire de nos origines》, Odile Jacob, 1999.

Anthony Hallam, 《Une révolution dans les sciences de la Terre》, Points Seuil, 1976.

Charles Frankel, 《Terre de France》, Points Seuil sciences, 2010.

Claude Jaupart, 《Les volcans》, Flammarion – Dominos, 1998.

Claude Riffaud et Xavier Le Pichon, 《Expédition FAMOUS》, Albin Michel, 1976.

Henri-Claude Nataf et Joel Sommeria, 《La physique et la Terre》, Belin, 1998.

Jean-Paul Poirier, 《Le tremblement de terre de Lisbonne》, Odile Jacob, 2005.

Jules Verne, 《Voyage au centre de la Terre》, Folio classique, 2014.

Margaux Motin, 《La tectonique des plaques》, Delcourt, 2013.

Mathieu Gounelle, 〈Météorites, à la recherche de nos origines〉

Maurice Krafft, 《Les feux de la Terre : histoire de volcans》, Gallimard, 2003.

Mike McQuay, Arthur C. Clarke, 《10 sur l'échelle de Richter》, J'ai lu, 1999.

Pascal Bernard, 《Pourquoi la Terre tremble》, Belin, 2017.

Peggy Vincent et Guillaume Suan, 《Les dinosaures》, Gisserot Éditions, 2008.

Simon Winchester, 《La carte qui a changé le monde》, JC Lattes, 2003.

Sous la direction de Christiane Grappin et Éric Humler, 《Quand la Terre tremble. Séismes, éruptions volcaniques et glissements de terrain en France》, CNRS Éditions, 2019.

Thomas Pesquet, 《Terre》, Michel Lafon, 2017.

Usamaru Furuya, 《Tokyo, magnitude 8》, Panini Manga, 2009.

〈Champs Flammarion〉, 2017.